PRINCIPIOS DE NUTRICIÓN DE RUMIANTES

PRINCIPIOS DE NUTRICIÓN DE RUMIANTES

Roque Gonzalo Ramírez Lozano, Ph.D.

Número de Control de la Biblioteca del Congreso de EE. UU.:   2017910584

ISBN: Tapa Dura   978-1-5065-2104-6
                 Tapa Blanda   978-1-5065-2106-0
                 Libro Electrónico   978-1-5065-2105-3

Fecha de revisión: 05/07/2017

Para realizar pedidos de este libro, contacte con:
Palibrio
1663 Liberty Drive
Suite 200
Bloomington, IN 47403
Gratis desde EE. UU. al 877.407.5847
Gratis desde México al 01.800.288.2243
Gratis desde España al 900.866.949
Desde otro país al +1.812.671.9757
Fax: 01.812.355.1576
ventas@palibrio.com
763947

CONTENTS

1 Generalidades e importancia de los rumiantes **15**

Introducción 15

Generalidades 15

Diferencias entre rumiantes y norumiantes.......................... 18

Familia Bovidae 18

Vacunos 19

Ovinos.. 21

Caprinos... 22

Venados 23

2 Componentes de los alimentos para rumiantes **24**

Introducción 24

Los siete principios de la nutrición de rumiantes 24

Nutrición... 25

Alimento 25

Nutrimentos 26

Valor nutritivo.. 26

Alimentación 26

Digestión.. 26

Clasificación de los alimentos 27

Aditivos y promotores de crecimiento. 27

Fuentes energéticas. 28

Subproductos del procesamiento de productos agrícolas.................. 28

Ensilajes 29

Henos y pajas. 29

Pastizales, agostaderos y forrajes frescos. 30

Suplementos de minerales. 30

Suplementos de proteína... 31

Suplementos de vitaminas. 32

Recursos forrajeros para animales en pastoreo 32

Tipo de vegetales y calidad Nutrimental 32

Metabolitos secundarios de las plantas 33

3   Fisiología digestiva del rumiante 35

Introducción 35

Características anatómicas del aparato digestivo del rumiante 35

Fermentación en el rumen 38

Ruminación 40

Función de las bacterias en el rumen 40

Clasificación de bacterias y su función en el rumen 41

Función de los protozoarios en el rumen 42

Función de los hongos en el rumen 43

La saliva en el rumiante 44

Producción ruminal de gas 44

pH ruminal 45

Potencial redox en el rumen 46

Presión osmótica en el rumen 46

Excreción de las heces y su composición 47

    Clasificación de las heces según consistencia y forma 47

Excreción urinaria y su composición 48

4   Digestión y absorción de los nutrimentos en rumiantes 50

Introducción 50

Absorción de ácidos grasos volátiles 50

Absorción de glucosa y gluconeogénesis 51

Absorción de péptidos, aminoácidos y NNP 53

Absorción de lípidos 54

Absorción de vitaminas 55

Absorción de minerales 56

5   Los glúcidos en la nutrición de rumiantes 57

Introducción 57

Características generales de los glúcidos 58

    Clasificación de los glúcidos 58

    Disacáridos y oligosacáridos 60

    Almidón 61

    Glucógeno 61

    Celulosa 61

    Hemicelulosa 62

    Pectina 62

    Lignina 62

Degradabilidad de la fibra en el rumen 63
La degradabilidad ruminal del almidón 66

6   Los lípidos en la nutrición de rumiantes 67

Introducción 67
Caracteres generales 67
Clasificación 68
Lípidos simples saponificables 69
  Grasas 69
Lípidos compuestos saponificables. 70
Lípidos no saponificables. 71
Lípidos en el forraje 71
Metabolismo de los ácidos grasos en el rumen 72
Digestión Intestinal de los lípidos en el rumiante 75

7   El nitrógeno en la nutrición de rumiantes 76

Introducción 76
Tipos de proteínas 77
Proteínas simples 77
  Proteínas globulares 77
  Albúminas 77
  Globulinas 77
  Prolaminas 77
  Glutelinas 78
  Histonas 78
  Prolaminas 78
Proteínas conjugadas 78
  Nucleoproteínas 78
  Lipoproteínas 78
  Glicoproteínas 78
  Cromoproteínas 78
  Metaloproteínas 79
  Mucoproteínas 79
  Fosfoproteínas 79
Aminoácidos esenciales 79
Factores que afectan la síntesis de aminoácidos en el rumen 79
Metabolismo de los compuestos nitrogenados en el rumen 80
Metabolismo de otras substancias nitrogenadas 82

Nitrógeno y desarrollo microbial 83

Destino de la proteína de la ración en rumiantes 84

8 La energía en la nutrición de rumiantes 87

Introducción 87

Metabolismo 87

Catabolismo y anabolismo 88

Energía bruta (EB) 88

Energía digestible aparente (ED) 89

Energía metabolizable (EM) 89

Incremento térmico y energía neta (EN) 90

Técnicas para estudiar el metabolismo energético 90

Calorimetría 92

9 Vitaminas en la nutrición de rumiantes 93

Introducción 93

Vitaminas liposolubles 93

Vitamina A 94

Vitamina D 94

Vitamina E 95

Vitamina K 95

Vitaminas hidrosolubles 96

Vitamina C 96

Vitamina B1 (Tiamina) 97

Vitamina B2 (Riboflavina) 98

Vitamina B3 (Niacina) 99

Vitamina B4 (Colina) 100

Vitamina B5, (Ácido Pantoténico) 100

Vitamina B6 (Piridoxina) 101

Vitamina B8 (Biotina) 101

Vitamina B9 (Ácido fólico) 102

Vitamina B12 (cianocobalamina) 102

Vitaminas en el rumen 103

10 Minerales en la nutrición de rumiantes 105

Introducción 105

Funciones de los minerales 105

Importancia de los Minerales para lo Microorganismos Ruminales .. 107

Macrominerales 108

    Calcio.. 108

    Fosforo.. 109

    Magnesio 110

    Potasio, Sodio y Cloro 111

    Azufre 112

Microminerales 112

    Cobre 112

    Hierro 113

    Manganeso.. 113

    Zinc 114

    Cobalto 114

    Yodo.. 115

    Selenio.. 115

    Cromo 115

    Molibdeno 116

11 El agua en la nutrición de rumiantes................................. 117

    Introducción 117

    Importancia del agua para los rumiantes 117

    Fuentes de agua 118

    Funciones del agua 119

    Pérdidas de agua... 119

    Requerimientos de agua.. 120

12 Consumo voluntario de los rumiantes 122

    Introducción 122

    Generalidades 122

    Relaciones entre el sistema digestivo y el SNC........... 123

    Factores del rumiante 125

    Condiciones de pastoreo... 126

        Raza 126

    Características físicas de la ración................................ 127

    Etapa fisiológica del rumiante 127

    Lactancia 128

    Factores del medio ambiente 128

    Propiedades del forraje 129

    Capacidad de carga animal... 130

Tamaño corporal 130

Proteína 130

Minerales y Vitaminas 131

Digestibilidad 131

Estimaciones finales 132

13 Digestibilidad de los rumiantes 133

Introducción 133

Factores que afectan a la digestibilidad 133

La técnica de colecta total de heces 134

Utilización de marcadores en pruebas de digestibilidad 135

La Lignina como indicador interno 138

El óxido de cromo como marcador externo 138

La Fibra cromo mordente como indicador externo 138

Técnica in vitro 139

Digestibilidad verdadera in vitro 139

Método de producción de gas in vitro 140

La técnica in situ 141

Métodos Enzimáticos 141

Método del índice fecal 142

Efectos asociativos en la digestibilidad 142

14 Requerimientos de nutrimentos para rumiantes 143

Introducción 143

Materia seca 144

Agua 144

Fibra 145

Requerimientos para mantenimiento 145

Requerimientos para crecimiento y ganancia de peso 145

Preñez 146

Lactancia 147

Energía 148

Proteína 148

Minerales 149

Vitaminas 149

Vitaminas del Complejo B 150

Estación del año y temperatura 150

15 Problemas relacionados con el tracto gastrointestinal 152

Introducción 152

Timpanismo 152

Acidosis ruminal 154

Toxicidad con urea 155

Toxicidad con Nitratos y Nitritos 158

16 Problemas metabólicos relacionados con la nutrición 159

Introducción 159

Tetania hipomagnesemia tetánica 159

La fiebre de la leche 160

Cálculos urinarios (Urolitiasis) 160

cetosis y toxemia de la preñez 161

Paraqueratosis ruminal 162

Acidosis láctica 162

Desplazamiento del abomaso 163

17 Referencias 164

Sobre el Autor—Roque Gonzalo Ramírez Lozano, Ph.D 183

PRESENTACIÓN

Los rumiantes son herbívoros que pueden alimentarse de forrajes. Por ende, pueden digerir glúcidos como hemicelulosa, celulosa y pectina. La utilización del alimento se lleva a cabo básicamente usando procesos fermentativos y no por reacciones de tipo enzimático. Asimismo, las técnicas fermentativas las llevan a cabo varios tipos de microbios como: hongos, protozoarios y bacterias, a los que el rumiante hospeda en su aparato gastrointestinal. Es decir que, antes de alimentar al propio animal, inicialmente se alimentan los microbios del rumen. Para que se dé una adecuada ecología nutricional tiene que existir un ambiente ruminal adecuado. Se da un proceso simbiótico entre los microbios y el rumiante. La acción fermentativa se lleva a cabo básicamente en las dos primeras porciones del tracto gastrointestinal por los microbios en el rumen y el ambiente fisicoquímico que los rodea y los productos principales de la fermentación en rumen son los ácidos grasos volátiles.

Este libro está dirigido a aquellas personas que inician el aprendizaje de la Nutrición de Rumiantes. Puede ser utilizado como texto y consulta para profesionales de Biología, Agronomía y Medicina Veterinaria y Zootecnia. Contiene 17 capítulos, que reseñan los "Principios de la Nutrición de Rumiantes" de una forma descriptiva y a la vez técnico-científica, de los aspectos más importantes relacionados con la Fisiología Digestiva, las Proteínas, los Glúcidos, los Lípidos, la Energía, las Vitaminas, los Minerales y los Problemas Metabólicos relacionados con los rumiantes.

Profesor: Roque Gonzalo Ramírez Lozano, Ph.D.
Universidad Autónoma de Nuevo León,
Facultad de Ciencias Biológicas,
Departamento de Alimentos.
roque.ramirezlz@uanl.edu.mx

CAPÍTULO 1

Generalidades e importancia de los rumiantes

Introducción

Los rumiantes pueden alimentarse de forrajes. Por ende, pueden digerir glúcidos como hemicelulosa, celulosa y pectina. Los no rumiantes como las aves no los pueden digerir. Por tanto, la fisiología digestiva del rumiante tiene características muy específicas. Por ejemplo, la utilización del alimento se lleva a cabo básicamente usando procesos fermentativos y no por reacciones de tipo enzimático. Asimismo, las técnicas fermentativas las llevan a cabo varios tipos de microbios (hongos, protozoarios y bacterias) a los que el rumiante hospeda en su aparato gastrointestinal (AG). Es decir que, antes de alimentar al propio animal, inicialmente se alimentan los microbios del rumen. Para que se dé una adecuada ecología nutricional tiene que existir un ambiente ruminal adecuado. Se da un proceso simbiótico entre los microbios y el rumiante. La acción fermentativa se lleva a cabo básicamente en las dos primeras porciones del AG por los microbios en el rumen y el ambiente físico-químico que los rodea y los productos principales de la fermentación en rumen corresponde a los ácidos grasos volátiles (AGV).

Generalidades

Representan a un conjunto de animales que ha jugado un rol ecológico muy importante en los sitios terráqueos, formando una porción elemental en las entidades de herbívoros del período Neógeno. En la época reconocida como el Paleoceno, nacen los mamíferos ungulados Artiodáctilos (tienen un número para de dedos, el conjunto de estos animales fuer creciendo y al final del período del eoceno ya se habían dividido en los dos subórdenes actuales: Tylopoda (camellos) y Ruminantia (ovejas, cabras, bovinos y venados), la gran expansión surgió cuando inició la formación de los pastizales.

Las modificaciones ocurridas en los esquemas del medio ambiente durante el mioceno y el eventual incremento de temperatura terrestre, crearon modificaciones drásticas en la arreglo de los ecosistemas, lo que dio origen a la creación de grandes pastizales nativos en vez de los bosques, el incremento de los hábitats de pastizales ayudó al aumento de los artiodáctilos generando una serie de modificaciones anatomo-fisiológicas que envolvieron cambios a su aparato gastrointestinal para los nuevos hábitos de ingestión de alimento, así como del reforzamiento de las mandíbulas y músculos de masticación que permitían un rompimiento ordenado de los alimentos; además, fueron formando una singular asociación simbiótica con microbios en su aparato digestivo que promovían a romper la nueva ingesta fibrosa de pobre valor nutrimental. El ajuste de estos rumiantes a los nuevos ecosistemas con favorecimiento por las hierbas de tamaño pequeño significó un gran avance de especialización que posteriormente los transformaría en los herbívoros sobresalientes.

Al final de la era terciaria surgió un conjunto de animales originado por el Gelocus siendo considerado como el primer rumiante que existió en la tierra, éste se identificaba por tener una conformación de los huesos de las patas y una quijada similar a los vacunos actuales. Del Gelocus proviene la familia Bovidae de la cual se forman las subfamilias Bovinae, Caprinae y Ovinae. La familia Bovidae está compuesta por un total de nueve subfamilias: Aepycerotinae, Alcelaphinae, Antilopinae, Bovinae, Caprinae, Cephalopinae, Hippotraginae, Peleinae y Reduncinae.

Hay cerca de 150 especies de rumiantes diferentes, incluyendo vacas, cabras, ciervos, búfalos, bisontes, jirafas, y alces. Asimismo, las especies de rumiantes se pueden clasificar de acuerdo a sus hábitos de alimentación que varían ampliamente, y se pueden separar en tres grandes grupos: 1) pastoreadores, que representan alrededor del

25% y que se alimentan fundamentalmente de pastos, 2) intermedios, que pueden pastar y ramonear y representan alrededor del 35% y 3) ramoneadores, que principalmente consumen arbustos y similares y representan alrededor del 40% del total de los rumiantes. El tamaño de los rumiantes no es afín con esta clasificación, sino más bien depende sólo de la estructura de AG, y de las habilidades de alimentación. Por ejemplo, de pastoreadores son los bovinos, ovinos y búfalos; ejemplos de intermedios son los caprinos y venados cola blanca, por último, ejemplos de ramoneadores son el alce, jirafa, antílopes y gacelas.

Los rumiantes transforman los alimentos en dos formas: masticando y ingiriendo de forma normal y, posteriormente regurgitando el bolo alimenticio para rumiar y volver a ingerir, de esta manera se obtiene al máximo el valor nutrimental del alimento. El estómago de los rumiantes se identifica por poseer varios compartimentos (rumen, retículo, omaso y abomaso). Tiene un número reducido de dientes, sin incisivos. Dadas estas condiciones, a discrepancia de los no rumiantes, los rumiantes tienen la posibilidad digerir los glúcidos estructurales componentes de los tejidos de las plantas como son: celulosa, hemicelulosa y pectina, las dos primeras conforman la fibra obteniendo así un recurso energético adicional cuando basan su alimentación con la ingestión de forrajes. El rumen está fusionado con un segundo compartimiento, lo que conforman el retículo-rumen. En ese compartimento, microbios (bacterias, protozoos y hongos) anaeróbicos fermentan el alimento conformado por celulosa y hemicelulosa, para obtener energía,

Los rumiantes pertenecen al orden Artiodactyla, que es muy diversa y abarca a los mamíferos de pezuña hendida incluyendo a los cerdos, pecaríes, hipopótamos y rumiantes en general:

Reino: Animalia
Filo: Chordata
Clase: Mammalia
Orden: Artiodactyla
Suborden: Ruminantia
      Familia Amphimerycidae
  Infraorden Tragulina
      Familia Tragulidae

Familia Prodremotheriidae
Familia Hypertragulidae
Familia Praetragulidae
Familia Archaeomerycidae
Familia Lophiomerycidae
Familia Protoceratidae
Infraorden Pecora
Familia Moschidae
Familia Cervidae
Familia Giraffidae
Familia Antilocapridae
Familia Bovidae
Familia Leptomerycidae
Familia Palaeomerycidae
Familia Climacoceratidae
Familia Hoplitomerycidae
Familia Gelocidae

Diferencias entre rumiantes y norumiantes

Las vacas, novillos, búfalos, ovejas y cabras, son animales llamados poligástricos o rumiantes, porque éstos últimos tienen un estómago dividido en cuatro compartimentos. Los animales con el estómago sin divisiones, como los cerdos, gallinas, patos y humanos, se denominan norumiantes. Otros animales como los caballos y conejos tienen una adaptación especial en el ciego que les facilita usar algunos alimentos fibrosos y aunque son herbívoros se actúan como animales con hábitos alimenticios intermedios: entre rumiantes y norumiantes. En las primeras tres cámaras de los rumiantes, la flora y fauna microbial se encarga de transformar los alimentos fibrosos y los recursos nitrogenados, en fuentes energéticas: los AGV y proteína, requerida por el rumiante. La cuarta cámara, trabaja muy similar al de los norumiantes.

Familia Bovidae

Pertenecen a una familia de mamíferos artiodáctilos que contiene a las vacas, las ovejas, las cabras, los antílopes, así como otros rumiantes parecidos. Todos ellos poseen como peculiaridad que los caracteriza como es una ingesta rigurosamente herbívora. Los machos como las hembras, tienen cuernos sobre sus cabezas. En contraste con los cuernos de los venados, que son compactos, los cuernos de las vacas son huecos.

Los bóvidos más grandes pueden pesar alrededor de 1000 kg y tener una estatura de 200 centímetros desde sus pezuñas hasta el lomo como: bisontes, bueyes, búfalos; por otra parte, los más pequeños puede pesar tan sólo tres kilos como el dik-diks. Ciertos animales son musculosos como el toro, y otros pueden ser ligeros con patas alargadas como las gacelas. La mayor parte de los individuos de esta familia se juntan en conjuntos grandes con organizaciones sociales muy complicadas; sin embargo, hay casos en los que su conducta no es gregaria. Los bóvidos se encuentran en un amplio margen de ecosistemas, pueden sobrevivir en climas desérticos, tundra y en selvas neotropicales.

Los recién nacidos, solo tienen el abomaso y se alimentan exclusivamente de leche materna; por tanto, en esa etapa no se les considera como rumiantes. Cerca de a los tres meses de edad, dependiendo del tipo animal, usualmente tienen funcionando los cuatro compartimentos del estómago, por lo ya se les considera como rumiantes.

Vacunos

El toro en el caso del macho y la vaca en el caso de la hembra, o (*Bos primigenius taurus / Bos taurus*), es un animal artiodáctilo perteneciente a la familia Bovidae. El nombre científico es el que se le determinó al rumiante vacuno domesticado en Europa y Norte de Asia, fueron un grupo de bovinos domesticados provenientes de la subespecie de uro salvaje euroasiático llamado como *Bos primigenius primigenius*; en tanto, se llama *Bos primigenius indicus* a los cebúes y otras especies de bóvidos domesticados descendientes de un tronco común, y provenientes de la subespecie de uro primitivo del Sudeste Asiático, llamado *Bos primigenius namadicus*. Se refiere de un rumiante mamífero enorme de talla robusta, de 120 a 150 cm de altura y de 600 a 800 kg de peso vivo.

La Taxonomía de la vaca es la siguiente:
Reino: Animalia
Filo: Chordata
Clase: Mammalia
Orden: Artiodactyla
Suborden: Ruminantia
Familia: Bovidae
Subfamilia: Bovinae
Género: *Bos*
Especie: *B. primigenius Bojanus*,
Subespecie: *B. p. taurus*
(Linnaeus, 1758)

Lo vacunos fueron domesticados desde hace aproximadamente 10 000 años en el Oriente Medio, eventualmente su crecimiento en número fue progresivo por toda la Tierra. Sus actividades iniciales fueron como bestia de trabajo y la creación de leche y de carne; además, de utilizar los cuernos, la piel y las heces, como abono o energía; asimismo, se siguen usando en algunos lugares en corridas de toros. La cría y uso de del ganado vacuno por el hombre se llama como ganadería bovina. Además de la clasificación por razas o variedades, se usan otras formas de clasificación individual, como sería la forma de la cornamenta, el color del pelo, o su productividad. Están presentes en varias religiones y creencias.

Bos taurus

Ovinos

El nombre científico de la oveja es *Ovis orientalis aries,* es un animal de cuatro patas, ungulado domesticado. Como todos los rumiantes, la oveja es un artiodáctilo, o sea rumiantes con pezuñas. Es probable que la oveja provenga del muflón salvaje de Europa y Asia, y fueron uno de los primeros rumiantes en ser domesticados para fines ganaderos, usados básicamente por su leche, carne y lana. Ésta última es la fibra animal más utilizada en el mundo. A su carne se le nombra cordero cuando es de un animal joven y de carnero cuando se refiere a animales mayores de un año. Además, se usan como animales modelo para la investigación. Las ovejas son rumiantes herbívoros que pueden desenvolverse en circunstancias de alimentación deficiente en pastizales áridos o suelos desérticos. La Taxonomía de la oveja se muestra a continuación:

Reino: Animalia
   Filo: Chordata
      Clase: Mammalia
         Orden: Artiodactyla
            Familia: Bovidae
               Subfamilia: Caprinae
                  Género: Ovis
                     Especie: O. orientalis
                        Subespecie: O. o. aries
                          (Linnaeus, 1758)

Ovis aries

Caprinos

El nombre científico de la cabra es *Capra aegagrus hircus.* Es considerado un rumiante muy efectivo debido a que se adecua a todo tipo de terrenos. Es resistente a los climas fríos y calientes. Es una gran convertidora de plantas en leche. Ingiere todo tipo de plantas, especialmente las hojas de arbustos y hierbas de temporada. Sus particularidades la recomiendan como un animal para los países en desarrollo. Las dos primeras razas en domesticar fueron la cabra y la oveja. Al macho de la cabra se le llama chivo, a las crías se las llama cabrito. Al total de estos animales, como ganado caprino. Es un rumiante de tamaño pequeño, con cuernos doblados. Fue domesticada para obtener su leche, carne, pelo y piel. Algunas razas fueron criadas especialmente para la producción de fibra (pelo), como la angora originaria de Turquía; así como la cachemira.

La Taxonomía de la cabra es la siguiente:
Reino: Animalia
Filo: Chordata
Clase: Mammalia
Orden: Artiodactyla
Familia: Bovidae
Subfamilia: Caprinae
Género: Capra
Especie: *C. aegagrus*
Subespecie: *C. a. hircus*
(Linnaeus, 1758)

Capra hircus

Venados

La familia Cervidae incluye los venados que son mamíferos herbívoros rumiantes. Su tamaño varía, siendo el alce el más grande, y el pudú sudamericano, el más pequeño. Tienen patas delgadas, pezuñas partidas en dos y largos cuellos con cabezas largas y finas como el venado cola blanca, desarrollado para el ramoneo. Los alces están adaptados para pastar plantas acuáticas. Los renos tienen hocicos aptos para ramonear liquen en lugares árticos. Son los únicos mamíferos a los que les salen astas nuevas cada año, sintetizadas por tejido óseo muerto. En la mayoría de las especies, solo las producen los machos a posterior al primer año de edad, incrementando de tamaño y conforme el venado madura; las astas las utilizan durante la época de apareamiento cuando compiten por las hembras.

La Taxonomía del venado es la siguiente:
    Reino: Animalia
        Filo: Chordata
            Subfilo: Vertebrata
                Clase: Mammalia
                    Orden: Artiodactyla
                        Familia: Cervidae
                            Subfamilia: Odocoileinae
                                Género: Odocoileus
                                    Especie: O. virginianus
                                        Zimmermann, 1780

Odocoileus virginianus

CAPÍTULO 2

Componentes de los alimentos para rumiantes

Introducción

Se llaman nutrimentos a los componentes de los alimentos edibles para los rumiantes. Llevan a cabo diferentes acciones en el organismo dependiendo de sus propiedades. En el pasado, los análisis de alimentos han proporcionado el punto de partida para efectuar otros que involucran la determinación de nutrientes más específicos, sirviendo también como base para calcular el valor de los nutrimentos digestibles totales (NDT) de los alimentos, como también se analizan las heces y la orina. El avance logrado en el crecimiento de las necesidades nutrimentales de los animales y en la utilización de los nutrimentos contenidos en los alimentos han considerado los errores serios tanto en los métodos usados como en la interpretación que se ha dado a los valores de fracciones tales como la fibra cruda, el extracto libre de nitrógeno y el extracto etéreo. Se recomienda, por tanto, que el sistema tradicional de valoración de los alimentos del NDT, sea sustituido por los métodos modernos de fraccionamiento de nutrimentos contenidos en los alimentos.

Los siete principios de la nutrición de rumiantes

1. Los animales están acondicionados para ingerir forraje gracias a los microbios ruminales.

2. Para sostener la productividad del rumiante, alimente a los microorganismos ruminales (huéspedes), los cuales a su vez alimentarán al hospedero (rumiante).
3. Las necesidades nutrimentales de los animales se modifican de acuerdo a la etapa fisiológica, clima y edad.
4. Contenidos apropiados de forraje fresco puede proporcionar la mayoría, sino es que, a toda la energía y proteína cruda que el animal requiere.
5. Las características nutrimentales del forraje se modifican de acuerdo al sistema de pastoreo, estación del año, humedad, la madurez de la planta y especie animal.
6. La suplementación puede ser requerida cuando el pastizal es muy corto, en dormancia, demasiado maduro, o si las necesidades nutrimentales de los animales lo requieren.
7. La suplementación en exceso puede disminuir la capacidad de los microrganismos ruminales para utilizar el alimento.

Nutrición

Se refiere a aquellos mecanismos por medio de los cuales un rumiante consume y usa todos los compuestos necesitados para su manutención, desarrollo, productividad o reproducción. En contraste con los vegetales, que incluyen solo los compuestos inorgánicos como fertilizantes u oxígeno, los rumiantes incluyen además de estos los materiales orgánicos.

Alimento

Es el mecanismo por el cual se lleva a cabo el transporte de substancias químicas (nutrimentos) al organismo del rumiante. En general, se refiere a toda substancia ya sea sólida o líquida por medio del cual el organismo sacia sus necesidades nutrimentales. Los alimentos arriba de 35% de fibra detergente neutro se consideran forrajes fibrosos como por ejemplo henos y pajas. Aquellos con menores de 20% de proteína cruda y menores de 35% de fibra detergente neutro se consideran energéticos como por ejemplo granos de sorgo y maíz. Y aquellos mayores de 20%

proteína cruda se consideran proteicos como por ejemplo harina de carne y harina de soya.

Nutrimentos
Son los componentes que configuran un alimento como los lípidos, glúcidos, proteínas, minerales y vitaminas (Diagrama 1.1).

Valor nutritivo

Es el contenido necesario de nutrimentos en un alimento, que accedan para satisfacer las necesidades o requerimientos para el desarrollo de los rumiantes.

Alimentación

Consiste en proporcionar alimentos a los animales. La cantidad de alimento diaria debe tener un adecuado valor nutrimental. No obstante, la cantidad de alimentos que los animales pueden ingerir está condicionado por los aspectos fisiológicos de cada especie animal. Es necesario proporcionar las dietas en varias porciones al día para que el rumiante obtenga el tiempo necesario para obtenga una buena digestibilidad.

Digestión

Es el mecanismo por el cual el alimento es dividido en partes más pequeñas, llevado a cabo mecánicamente o bien por medios enzimáticos en el rumiante. Es un proceso intermedio para que los nutrimentos de los alimentos sean asimilados.

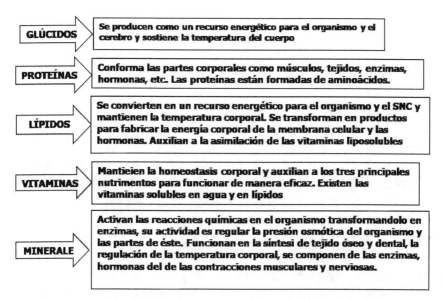

GLÚCIDOS ⟩ Se producen como un recurso energético para el organismo y el cerebro y sostiene la temperatura del cuerpo

PROTEÍNAS ⟩ Conforma las partes corporales como músculos, tejidos, enzimas, hormonas, etc. Las proteínas están formadas de aminoácidos.

LÍPIDOS ⟩ Se convierten en un recurso energético para el organismo y el SNC y mantienen la temperatura corporal. Se transforman en productos para fabricar la energía corporal de la membrana celular y las hormonas. Auxilian a la asimilación de las vitaminas liposolubles

VITAMINAS ⟩ Mantieien la homeostasis corporal y auxilian a los tres principales nutrimentos para funcionar de manera eficaz. Existen las vitaminas solubles en agua y en lípidos

MINERALE ⟩ Activan las reacciones químicas en el organismo transformandolo en enzimas, su actividad es regular la presión osmótica del organismo y las partes de éste. Funcionan en la síntesi de tejido óseo y dental, la regulación de la temperatura corporal, se componen de las enzimas, hormonas del de las contracciones musculares y nerviosas.

Diagrama 1. Cinco principales nutrimentos y sus funciones generales

Clasificación de los alimentos

Los alimentos de los rumiantes se pueden agrupar en nueve categorías:

Aditivos y promotores de crecimiento.

Forman un instrumento capaz para formar alimentos de más cantidad y de manera más eficaz; asimismo, de que optimizan las técnicas metabólicas, cambian la fermentación en el rumen, disminuyen el número de inconvenientes metabólicos, disminuyen los depósitos de grasa y aumentan las ganancias de las actividades agropecuarias. Hay varios tipos dentro de los que se encuentran los: a) antibióticos se usan como promotores de crecimiento en nutrición animal para la formulación de raciones el lasalocid y la monensina son antibióticos de origen ionóforo forman esta clase al optimizar la eficiencia de los alimentos y ganancia de peso en el ganado vacuno, b) los ácidos orgánicos que son nucleótidos orgánicos mejoran la productividad, que se vuelve en una más elevada ingesta, mejoran el sistema inmunológico y disminuyen patologías estomacales, c) la nutrición animal ha realizado desde hace varios años los implantes y fármacos a base de hormonas como la progesterona, la testosterona, el estradiol y el acetato de trembolona, que mejoran la alimentación animal, d) los beta-agonistas que incrementan la producción y almacenamiento de proteínas en las células. Como ejemplos están el zilpaterol, la ractopamina y el clembuterol.

Fuentes energéticas.

Las fuentes energéticas proporcionan al cuerpo la habilidad de llevar a cabo trabajo. En dietas para bovinos de engorda, la energía se usa para acciones como mantenimiento, crecimiento, reproducción, y lactación; por tanto, la energía es un nutrimento necesitado por los rumiantes en elevadas proporciones. Los recursos esenciales de energía en los forrajes son la hemicelulosa y la celulosa y, en los granos lo es el almidón. Los aceites y las grasas y contienen más contenido energético; sin embargo, se usan en pequeñas proporciones en la ración. Se incluyen todos los granos de cereales y sus harinas, los granos de leguminosas, las tortas o harinas de oleaginosas y los propios granos de oleaginosas Son exactamente similares a los alimentos que ingieren los humanos, pero convertidos para usarse en ganadería.

Los cereales avena, trigo y cebada igualmente se usan como concentrados de energía para sustituir al maíz. La cantidad utilizable de estos granos para el consumo de rumiantes estriba en gran proporción a los costos comparativos y/o de las disponibilidades estructurales de mercadeo. Los valores de energía de la cebada y el trigo, son similares a los del maíz, además, con mejor contenido de proteína cruda (12-14% versus 8 a 9%, respectivamente); sin embargo, deben usarse con mucho cuidado, tratando de evitar porciones muy altas en una misma ración, Ya que el potencial fermentativo de su almidón, que es muy degradable a nivel ruminal, pueden causar patologías como acidosis ruminal sub-clínica o clínica.

Subproductos del procesamiento de productos agrícolas

Durante los procesos de la agroindustria se producen una gran cantidad de subproductos provenientes de las cosechas agrícolas y de los granos, como sueros de la leche, semolina, la melaza, millrun, deshechos de cervecería, etc. Estos subproductos se usan como un recurso alimenticio excelente, ya que muchos de ellos tienen un gran contenido de humedad, pero requieren cuidado para su manejo y almacenamiento. Los subproductos de la agroindustria son fuentes alternas que pudieran ser utilizadas para suplir una porción del maíz en las raciones. Para ganado lechero en producción o en desarrollo, la cascarilla de soya se pude remplazar ya sea a los cereales básicos como a los ensilajes energéticos de planta completa provenientes de sorgos y maíces. Asimismo, tiene porcentajes de proteína cruda muy buenos (14-16%).

Los cereales de destilaría en la actualidad, al compararlos con los del pasado tienen más energía y proteína cruda. Su contenido de energía no es menor de 3.0 Mcal Energía Metabolizable/kg, con valores elevados de proteína cruda, de 28 a 36%. Para el ganado lechero de alta producción y vaquillonas se pueden observar excelentes datos de reemplazo, teniendo cuidado cuando estos materiales se proporcionan como tal, es decir, con elevada cantidad de agua.

Ensilajes

Es una técnica de preservación del forraje basada en fermentaciones lácticas anaeróbicas (sin presencia de oxígeno) del forraje que sintetiza lactato y una reducción del pH menor de 5. Permite guardar la calidad nutrimental del forraje original de mejor manera que el henificado, pero requiere más costos y conocimientos para lograr un producto de calidad nutritiva. Es una manera de asegurar alimento para los animales en el verano. Los microbios generadores de lactato fermentan los glúcidos solubles del forraje sintetizando lactato y en menos proporción, acetato. Al producirse estos ácidos, el pH del ensilado disminuye a una proporción que restringe la aparición de microbios que provocan la generación de moho, permitiendo retener la mayor parte de nutrimentos del forraje verde con una buena palatabilidad.

Henos y pajas.

El heno es una mixtura de plantas como alfalfa, centeno, avenas, ciertos pastos, entre otros, que involucran un procesado de corte, secado, procesado y almacenaje. Estas plantas son elevadas en nutrimentos y se cosechan cuando crece la planta previa a que madure el grano. Puede cosecharse hasta tres veces, dependiendo de la precipitación, el tipo de pastos y el suelo. El heno debe estar completamente deshidratado, se debe impedir cualquier contenido de agua debido a que la humedad puede propiciar la formación de moho que es dañino para los rumiantes que lo ingieren. Después de la colecta de los granos, las pajas representan lo que queda después del trillado del grano. Los animales las usan como cama debido su falta de calidad para ser ingerida, debido a su falta de palatabilidad y valor nutritivo. Las pajas más comunes son: el sorgo, trigo, avena y cebada.

Pastizales, agostaderos y forrajes frescos.
Los pastos conforman el principal recurso de alimentación de los rumiantes tanto domésticos como silvestres ya que progresan de forma directa en las praderas. Son rápidamente y adaptables a cualquier clima y aportan gran cantidad de materia seca y glúcidos para ser ingeridos por el rumiante. Por lo general tienen bajo contenido de proteína cruda. Corresponden a la familia de las monocotiledóneas y sus particularidades son: a) raíces superficiales en la mayoría de las especies, b) tallos redondos con nudos, c) hojas alternadas con nervaduras paralelas, d) la base de la hoja generalmente rodea al tallo y concluyen en pico y e) las flores generalmente forman espigas. Los agostaderos son ciertas áreas con follaje natural, preferentemente con pastos, donde pastan los rumiantes. El follaje puede ser de origen nativo o introducido y que se usa para el pastoreo directo, para corte o en ambas formas. Los forrajes verdes representan aquellos herbajes de ingestión inmediata al momento de su colecta y directamente en el campo, pueden ser gramíneas forrajeras. Las gramíneas pueden ser de corte y pastoreo directo.

Suplementos de minerales.
Consiste en la acción de suplir, suplantar, cambiar, solucionar un problema, agregar algo que falta. Un suplemento mineral, al igual que un complemento, puede ser la cantidad de un mineral que se agrega a una dieta para mejorarla o perfeccionarla. Los minerales para los rumiantes son tan vitales como lo es el forraje y el agua. Tienen un rol relevante en cada etapa fisiológica del animal: metabolismo, crecimiento muscular, reproducción, producción láctea, buena digestibilidad, estructura ósea, desarrollo y rendimiento.

Por lo general, los minerales para ganado que ofrece la agroindustria de la nutrición animal tienen los contenidos requeridos de minerales que se necesitan en cada una de las fases. Estos suplementos minerales para ganado se elaboran tomando en cuenta estudios de suelo de las regiones geográficas de esta manera saber que minerales son los carentes y tomado en cuenta estudios de los cereales y pastos producidos también en tales zonas. Además, la elaboración de los suplementos con minerales para ganado se lleva a cabo en bulto, con lo que permite un bajo precio.

Se pueden establecer 3 estrategias de suplementación:

1. El primero consiste en la añadidura de los suplementos de minerales en la dieta total. Para lo cual, los ganaderos que tienen con mezcladora de alimentos añaden de forma automatizada los suplementos. Generalmente se usa en ganaderías en procedimientos estabulados.
2. Para pequeños ganaderos, el suplemento se da directamente y en las proporciones correctas junto con la dieta diaria. Pero consume más tiempo.
3. Para rumiantes en libre pastoreo, la exposición en bloques nutrimentales de los suplementos es la mejor forma debido a que se evitan pérdidas y el rumiante consume la cantidad requerida hasta la saciedad.

Suplementos de proteína.

Complementan la contribución proteica de granos y cereales, proporcionan aminoácidos esenciales y no esenciales y proporcionan nitrógeno no proteico en raciones para rumiantes. El ganado alimentado con pajas de bajo valor nutrimental, elevados en fibra e incompletos en proteína cruda, presenta una baja a negativa ganancia de peso vivo, ya que este tipo de pajas se hidrolizan muy espaciosamente en rumen provocando una baja ingestión de alimento. La suplementación con proteína de alta degradabilidad ruminal mejora la pérdida de N, incrementa el grado de degradabilidad, la presencia proteína verdadera al duodeno y la ingestión de pajas. Para obtener una manifestación positiva a la suplementación proteica, las pajas deben ser de baja calidad, bajas en proteína con valores que varían de 6 a 8%. Se debe suplementar a bajo nivel de 0.1 a 0.3% del peso vivo con un suplemento de elevado contenido proteico mayor a 30% de proteína cruda balanceado con proteína verdadera de alta degradabilidad ruminal, de preferencia que no contenga NNP o incluirlo a baja cantidad. El suplemento puede ser proporcionado diariamente o cada 2 o 3 días sin quebranto de eficacia.

Suplementos de vitaminas.
Los suplementos vitamínicos en la dieta de los animales son necesarios, debido a que está demostrado que, con su suministro vitamínico, se da un incremento en la productividad animal, y este aumento redunda ampliamente en la calidad de los productos finales que llega al consumidor, puede ser carne, leche o huevos. Las cantidades vitamínicas de estos alimentos son más elevadas de las que provienen de rumiantes sin suplementar.

Recursos forrajeros para animales en pastoreo

La cantidad de nutrimentos de los forrajes cambia con el estado de madurez de las plantas. Conforme la planta madura, traslada glúcidos solubles y proteínas a las partes reproductivas del vegetal, a la semilla, como sería en los vegetales anuales y a las raíces como en los vegetales perennes. La madurez de los vegetales produce hojas y tallos con mayor contenido de fibra y de más baja digestión. Variadas circunstancias afectan la madurez de la planta. Las circunstancias que afectan la madurez de los vegetales son: 1) el largo de la etapa de desarrollo, 2) la destreza de sostener agua, 3) la composición vegetal presente en el agostadero y 4) el método de pastoreo. Este último es el más influenciable por los ganaderos. Una defoliación apropiada y descanso apropiado son importantes para que el vegetal se sostenga en estado verde, y en consecuencia más nutritivo, durante la etapa de desarrollo.

Tipo de vegetales y calidad Nutrimental
Hay tres clases de vegetales más comúnmente reportados en los pastizales, y cada una tiene su lugar en la alimentación de rumiantes. Estas clases son:

Pastos. - Los pastos se dividen en dos grupos: clima cálido y clima templado. En pastizales semiáridos, los pastos de clima cálido se desarrollan principalmente de mayo a agosto, en tanto, que los pastos de clima templado se desarrollan de marzo a junio. El reconocimiento de los pastos presentes en el pastizal le va a auxiliar a decidir en qué instante debe pastorear para conseguir prerrogativa del más cantidad de nutrimentos. En la primavera, los pastos van a lograr tener un 20% de proteína y bajaran a un 10% a mitad de la floración. Se debe considerar el pastoreo de múltiples especies, ya que ovejas y cabras podrían ingerir estos vegetales que no son ingeridos por vacunos, logrando un equilibrio en el pastizal.

Arbustos. - Los arbustos son adecuados para tener en lugares nativos debido a que tienen valores elevados de proteína durante la mayor parte del año. El ganado en pastoreo y fauna silvestre encuentra estos vegetales relevantes debido a que les ayuda a tolerar el invierno. Los arbustos como *Ceratoides lanata, Artemisia frígida, Atriplex canescens* y *Chrysothamnus nauseosus* van a tener más de 7% de proteína cruda durante el invierno. En mezcla con otros forrajes en dormancia, estos arbustos generalmente pueden proporcionar a un animal con sus necesidades para mantenimiento de proteína si hubiera suficientes arbustos. Los bovinos son pastoreadores típicos, y utilizan el pasto como su fuente de alimento principal. En tanto como ovinos y caprinos son ramoneadores.

Malezas. - Las malezas, o plantas de hoja ancha no leñosas, tienen generalmente mayor contenido de proteína cruda que los pastos. La mayoría de las malezas son consideradas hierbas, aun cuando son palatables y nutritivas. En terrenos áridos, la alfalfa de elevada dormancia puede servir como muy buen suplemento para ganado, así como el trébol que además de ser un vegetal de alta calidad nutrimental, posee propiedades anti-hinchazón.

Metabolitos secundarios de las plantas

Son sustancias químicas elaboradas por los vegetales que tienen actividades no esenciales en ellas, de tal manera que su carencia no es mortal para la planta, al inverso de los compuestos primarios, los compuestos secundarios participan en las relaciones ecológicas entre los vegetales y su medio ambiente. Los compuestos secundarios de los vegetales corresponden a tres categorías, según su fuente biosintética:

1. *Terpenoides.* Todos los terpenos se derivan del isopentenil difosfato o "5-carbono isopentenil difosfato" sintetizados por la vía del ácido mevalónico. Como ejemplos están los aceites esenciales.

2. *Substancias fenólicas y sus derivativos.* Todas las substancias fenólicas conocidos se forman por la vía del ácido shikímico o por la del malonato/acetato.

3. *Substancias nitrogenadas o alcaloides.* Son formados básicamente de aminoácidos. Muestran una gran diversidad de estructuras químicas. Son fisiológicamente activos en los animales, aún en reducidos contenidos, por tanto, tiene muchos usos en medicina. Por ejemplo, la morfina, la atropina, la cocaína, entre otros.

CAPÍTULO 3

Fisiología digestiva
del rumiante

Introducción

Los pastoreadores (consumen pastos) en promedio comen tres veces al día, consumen grandes cantidades de pastos de bajo valor nutritivo, pues están especializados en consumir fibras de baja digestibilidad. Por lo general, no ingieren azúcares simples, pero ingieren glúcidos estructurales como el almidón que se encuentran en semillas de los pastos. Los ramoneadores ingieren tallos y arbustos altamente nutritivos; están especializados en digerir los solubles de las células vegetales. Ellos no tienen acceso a los granos en vida silvestre y tendrían problemas para digerirlos; sin embargo, pueden digerir muy bien los azúcares simples. De acuerdo a las necesidades nutricionales y de comportamiento, los intermedios están a mitad del camino entre los pastoreadores y los ramoneadores.

Características anatómicas del
aparato digestivo del rumiante

El primer segmento de la canal alimenticia se encuentra la boca, que tiene los dientes y la lengua. Los rumiantes carecen de los incisivos superiores. En cambio, poseen una almohadilla dental endurecida, contra la que muerden. Los incisivos inferiores están colocados en forma no rígida de modo de no lastimar la almohadilla dental. Los incisivos sujetan entonces el alimento contra el rodete superior y el animal corta el bocado mediante un movimiento de cabeza. Este bocado es ligeramente masticado, mientras el animal sigue comiendo. Cuando ha reunido varias mordidas formando un bolo, éste es deglutido. En ovinos el volumen del rumen es de alrededor de 5.3 L o 13% de su peso vivo, en cambio en bovinos el volumen es de cerca de 48 L o 15-21% del peso vivo. Se ha reportado que contenidos ruminales de 4 a 6 kg en ovejas y de 30 a 60 kg en las vacas, modificándose con la ración y la velocidad de paso de la ingesta a través del AG.

La capacidad del rumen puede ser estimada usando el tamaño del pool ruminal de la fibra detergente neutro. Su estómago se divide en cuatro cavidades: rumen, retículo, omaso y abomaso (Figura 1). Este último es glandular y funciona similar al estómago de los norumiantes, mientras que los otros tres no tienen de órganos secretoras. El retículo es redondo, un poco encorvado de abajo arriba y sembrado interiormente de una multitud de células; está apoyado contra el diafragma, a la encorvadura izquierda de la panza, debajo de la inserción del esófago y sobre la prolongación abdominal del esternón, contactándose con el rumen a través del pliegue retículo-ruminal que los caracteriza en una sola dispositivo funcional llamado retículo-rumen, pero tienen actividades desiguales. El retículo traslada el bolo alimenticio hacia el rumen o hacia el omaso y lleva a cabo la regurgitación de lo ingerido durante la ruminación. El rumen es el segmento más grande. El rumen hace las veces de una olla de fermentación más grande y tiene una población mayor de microbios. Está expuesto hacia la pared abdominal izquierda. La mucosa del rumen presenta papilas digitiformes de tamaño y nivel de queratinización dependiendo del estímulo provocado por la clase de alimento que está consumiendo por el rumiante.

El omaso se comunica con el retículo por el orificio retículo-omasal y con el abomaso por el esfínter omaso-abomasal. Aunque no se sabe a ciencia cierta cual es la función de omaso, ayuda a reducir el tamaño de las partículas del alimento ingerido, lo cual tiene efecto en el control del paso de los alimentos hacia las partes bajas del aparato digestivo y se lleva a cabo algo de absorción de agua. El abomaso se ubica a la derecha y ventralmente en la cavidad abdominal, tiene forma de saco alargado con un extremo ciego denominado fundus y un extremo pilórico que desemboca en el duodeno. La mucosa es de tipo glandular y en el fundus presenta pliegues que aumentan su superficie. El abomaso tiene una función similar a la del estómago de los no rumiantes. La leche el abomaso sufre los procesos de coagulación de la caseína y la primera etapa del hidrólisis lipídica–proteica.

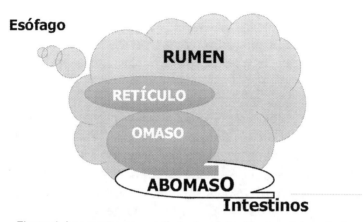

Figura 1. Los cuatro compartimientos del estómago del rumiante

El ternero está adecuado para consumir una dieta líquida (suero reconstruido, sustituto lácteo o leche), característica particular de un no rumiante. El aparato digestivo no es eficaz y resulta pequeño al nacimiento y al cierre de la gotera esofágica transporta los líquidos hacia al abomaso. La obstrucción de la ranura esofágica está condicionada a estímulos centrales y periféricos por medio de un arco reflejo. La acción de chupar la mama o el biberón, o además el ver el biberón o la elaboración del alimento, provocan esta acción. Además, hay receptores en la faringe que se incitan a los contenidos de la leche, como sería el caso de lactosa, minerales, proteínas y a su temperatura. Tales estímulos son transferidos al centro bulbar a través del nervio trigémino. Actualmente, se ha confirmado que en el proceso de mamado se libra un polipéptido intestinal vasoactivo que afloja el orificio retículo-omasal. La apertura abomasal disminuye el reflejo de disminución de la ranura esofágica. El reflejo de obstrucción de la ranura esofágica, propia del ternero, va modificándose con el desarrollo del animal. No obstante, algunos aspectos pueden incentivarlo en el animal adulto. Un ejemplo es la hormona antidiurética, liberada desde la neuro hipófisis en contestación al deshumedecimiento o al incremento de la osmolaridad del plasma.

La leche se coagula en el abomaso rápidamente por efecto de la enzima renina. Se lleva a cabo un coágulo que se disuade muy rápido y libera varias substancias que conforman el suero lácteo. El suero transporta a las proteínas solubles y la lactosa hacia el tracto digestivo. La lactosa es hidrolizada en galactosa y glucosa por efecto de la enzima lactasa localizada en los enterocitos y luego ingerida. El enterocito tiene además peptidasas que hidrolizan las proteínas pequeñas que entran con el suero lácteo y otras de bajo peso molecular son absorbidas sin ser degradadas.

El calostro viene a ser la segregación láctea primaria materna. Tiene compuestos nutritivos parecidos a la leche, sin embargo, están más condensados, pero tiene otros no nutritivos de vital relevancia. Las inmunoglobulinas vienen a ser el recurso más relevante de inmunidad pasiva que recibe el ternero de su madre, ya que a través de la placenta representa una fuente de menor importancia para el ternero.

Para transformarse a rumiante implica que el ternero pase por varios pasos adaptativos. Los cuales toman en cuenta cambios morfológicos y de funcionalidad del AG, el crecimiento de microbios; así como, cambios en el metabolismo. La funcionalidad de AG varía y está sujeto a la clase de alimento. La estructura física de la ración funciona como incitación para el desarrollo del potencial relativo del retículo-rumen y de su pared muscular. No obstante, el desarrollo de las papilas del rumen se debe al contenido de AGV, como mecanismo adaptativo para aumentar el área para su ingestión.

Fermentación en el rumen

En el rumiante adulto, la fermentación obedece al trabajo normal de los microorganismos ruminales. Entonces, el animal forma y sostiene en el retículo-rumen las situaciones excelentes para su desarrollo y proliferación, transformándose en una gran cazuela de fluido líquido. El ambiente de retículo-rumen para el crecimiento de los microorganismos incluyen:

1. *Entrada continua de alimento.* La alimentación del hospedero (rumiante) pende de la alimentación del huésped

(microorganismos). Alimentando al huésped ocasiona para que éste, posteriormente nutra al hospedero.

2. *Ambiente sin oxígeno.* La carencia de oxígeno causa que los microorganismos del rumen habiliten la glucólisis para obtener energía. Por esta vía, la glucosa es transformada en acetil-CoA, que entra al ciclo de Krebs para proporcionar energía, generando además CO_2 y agua.

3. *pH.* - El contenido de H^+ generado va a depender del tipo de ingesta y la clase de microorganismo que hidrolice dicha ingesta. Los microorganismos actúan mejor en un rango que varía de 5.5 a 6.9.

4. *Temperatura.* La mejor es de 39 °C que es generada por los mecanismos fisiquito-químicos del rumen y de la regulación homeotérmica del animal.

5. *Liberación de las substancias de la degradación en el rumen.* Los AGV y el H^+ deben ser liberados del rumen, de no ser así, su almacenamiento aumentaría la presión osmótica y reduciría el pH a cantidades letales. El H^+ es eliminado a través de la síntesis de CH4 y los AGV son retirados por difusión a través de las paredes del rumen. Los gases producidos por los rumiantes como CO_2 y metano son eliminados a través del eructo (Tabla 1.2). La parte de la ración que no pudo ser digerida debe seguir su camino por el TG. La rapidez de paso de la ingesta en el rumen varía dependiendo del tipo de alimento. El paso de microorganismos, junto con el alimento no digerido hacia el bajo TG, impide la sobrecarga de microorganismos ruminales.

Tabla 1.2. Cantidades de gases generados en el rumen

Tipo	Porcentaje
Dióxido de carbono (CO_2)	65.0
Metano (CH_4)	25.0
Nitrógeno (N_2)	7.0
Oxígeno (O_2)	0.5
Hidrógeno (H)	0.2
Sulfuro de hidrógeno (SH_2)	0.01

Ruminación

Consiste en el regreso sin esfuerzo del contenido alimentario a través del esófago, el desmenuzado y la incorporación de saliva. El desmenuzado se lleva a cabo a través de movimientos contiguos lentos, completos y fuertes de la mandíbula inferior en contra de la superior. El período de desmenuzado pende de la clase de ingesta. En conclusión, el bolo desmenuzado es ingerido y sus partes se completan al contenido del rumen. La primordial causa de la ruminación se debe a la propia estructura física del alimento, la cual consiste de la composición fibrosa de la ingesta. El desmenuzado dura de 25 a 60 segundos y consiste de 30 a 80 movimientos mandibulares. Son movimientos horizontales, clásicos del rumiante. Después de un minuto el bolo es reingresado de nuevo al rumen como si fuera un bolo recién ingerido, pero ya más remasticado y más expeditamente penetrable por los microbios. Los tiempos de ruminación son cortos, de 20 a 50 minutos y suelen a ser más habituales después de las ingestas. El período normal varía de 7 a 11 horas/día.

Función de las bacterias en el rumen

Las bacterias en el rumiante las adquiere por el contacto directo con otros animales o también por contacto indirecto con objetos contaminados como forrajes o agua de bebida. Existe una gran cantidad de bacterias y se categorizan en base a los sustratos que usan y a las substancias terminales del proceso fermentativo. Además, los microorganismos funcionan en mecanismos cooperativos en un complejo ecosistema, en el cual estrictamente prevalece la acción de una especie como generadora de una función, pero ésta condicionada del ambiente que se crea en unión toda la biomasa. La cantidad de bacterias varía entre 10^{10} y 10^{11} por gramo de fluido ruminal. Esta cantidad cambia en forma directa con la cantidad energética de la ración. Otro aspecto que influye en el crecimiento bacterial es el pH del rumen. Las bacterias celulolíticas se desenvuelven más adecuadamente dentro del rango fisiológico de 6.0 a 6.9; mientras que a las amilolíticas le es más adecuado el medio más ácido de 5.5 a 6.0. La relevancia nutricional de las bacterias implica en que son las garantes de la mayor parte de la función celulolítica ruminal; además, están capacitadas en generar sus propias proteínas a base de NNP, especialmente NH3.

Clasificación de bacterias y su función en el rumen

Las bacterias se clasifican en base a los sustratos utilizados y en los productos generados de la fermentación:

1. **Bacterias Celulolíticas:** Generan las enzimas celulasas que pueden hidrolizar la celulosa. Además, pueden usar el disacárido celobiosa y otros carbohidratos. Especies celulolíticas de importancia son: *Ruminococcus flavefaciens, Bacteroides succinogenes, Clostridium loch headii, Cillobacterium cellulosolvens* y *Ruminococcus albus*

2. **Bacterias Hemicelulolíticas:** La hemicelulosa contiene pentosas y hexosas y usualmente ácidos urónicos. La hemicelulosa es un importante constituyente de las plantas. Los microbios que son capaces de hidrolizar celulosa, generalmente también pueden hidrolizar hemicelulosa. Sin embargo, algunas especies hemicelulolíticas no pueden utilizar la celulosa. Dentro de las bacterias que digieren hemicelulosa se encuentran: *Lachnospira multíparus, Bacteroides rumínicola* y *Butyrivibrio fibrisolvens.*

3. **Bacterias amilolíticas:** Sin excepción, todas las bacterias celulolíticas son también capaces de hidrolizar el almidón; sin embargo, algunos microbios amilolíticos no pueden utilizar celulosa. Bacterias importantes que digieren almidón son: *Succinomona amylolítica, Butyrividrio fibrisolvens, Bacteroides amylophilus, Bacteroides rumínicola* y *Lachnospira multíparus.*

4. **Bacterias que usan Azúcares:** La mayor parte de las bacterias que pueden hidrolizar polisacáridos, pueden también usar monosacáridos y disacáridos.

5. **Bacterias que usan Ácidos:** Un gran número de bacterias utilizan lactato, no obstante, este ácido no está presente en cantidades apreciables en el rumen, excepto en condiciones anormales. Otras bacterias utilizan succinato, malato y fumarato, además, usan formato y acetato, pero muy probable no como

recurso primario de energía. Además, el oxalato es degradado por bacterias ruminales. Bacterias que usan lactato: *Veillonella alacalescens, Propionibacterium sp., Veillonella gazogenes, Desulphovibrio* y *Selenomona lactilytica.*

6. **Bacterias Proteolíticas:** Unas pocas bacterias ruminales usan aminoácidos como recurso primario para obtener energía. Ej.: *Bacilus licheniformis, Clostridium sporogenes* y *Bacteroides amylophílus,* son tres tipos que tienen registrada capacidad proteolítica.

7. **Bacterias productoras de Amonio:** Ciertas especies bacterianas generan NH3 a partir de distintos recursos. Ej.: *Selenomona ruminantium, Peptostreptococcus elsdenii, Bacteroides ruminícola,* y algunos *Butyrivibrios.*

8. **Bacterias que producen Metano:** Las más importantes son Methanobacterium ruminantium y Methanobacterium formicum, de más baja importancia son, *Methanobacterium suboxydans, Methanosarcina* sp. y *Methanobacterium sohngenii.*

9. **Bacterias Lipolíticas:** Hay bacterias que usan glicerol y lo metabolizan. Otras, hidrogenan ácidos grasos insaturados y otras hidrolizan ácidos grasos de cadena larga a cetonas. Ejemplos de especies Lipolíticas son: *Anaerovibrio lypolítico* y *Selenomona ruminantium.*

10. **Bacterias sintetizadoras de Vitaminas:** Ejemplo de especie sintetizadora de vitaminas del complejo B es: *Selenomona ruminantium*

Función de los protozoarios en el rumen

Un protozoario es definido como un protista generalmente móvil, eucariota y unicelular, no contienen de pared celular. Se nutren por consumo de otros organismos y moléculas orgánicas usando mecanismos de fagocitosis o ciertos tienen una abertura que parece la boca. Los protozoarios representan la fauna del rumen, desarrollan preferentemente a pH superior a 6 y aun cuando están presentes no son necesarios para la fermentación ni para la supervivencia del rumiante. Normalmente son adquiridos por el rumiante por unión directa con otros animales. Contrario a lo que ocurre con las bacterias del rumen, la adquisición de la población ciliada en el ternero demanda del acercamiento con los rumiantes mayores, que tengan las poblaciones de protozoarios clásicos. Aun cuando se localizan en menor cantidad que las bacterias, en cantidades de 10^4 a 10^6 ml^{-1} de fluido ruminal, al poseer mayor tamaño tienen un volumen total que puede llegar a ser parecido al de las bacterias. Desde el punto de vista fermentativo los protozoarios distan de las bacterias por tener una más baja actividad celulolítica (de 5 al 20 % del total), asimismo, no pueden de fabricar proteínas usando NNP.

La principal actividad de los protozoarios es la de consumir moléculas del tamaño de las bacterias, como cloroplastos, fibras y almidón. El mayor número son *Ciliata*, las entidades de una célula más complejas. Los diferentes organismos varían en tamaño, entre 25 a 250 micras, congregándose en 17 géneros de la sub clase *EntodiniomorpHes* y 2 géneros de la sub clase *Holotriches*, que varía en su forma y metabolismo. Los protozoarios cambian con la clase de rumiante, la dieta y localidad. Los períodos de reproducción varían de 0.5 a 2 días.

Función de los hongos en el rumen

Los hongos en el rumen tienen un ciclo de vida bifásico prácticamente sencillo, manifestando en la mayoría de los estudios *in vitro* tener la capacidad enzimática para degradar los materiales fibrosos de los vegetales. Los hongos son más copiosos cuando la ingesta es muy fibrosa, por tanto, que tienen una función relevante en la fermentación en el rumen. La forma de vida de estos organismos tiene dos fases opcionales: 1) una fase móvil de flagelado (zoosporas) y 2) una fase no móvil vegetativa, reproductiva (esporangio). Han sido identificados otros flagelados como *Sphaeromonas communis*, *Piromonas communis* y *Neocallimastix patricíarum*, los cuales mostraron características diferentes a las presentadas por el *N. frontalis*.

Los hongos forman cerca del 8 % del volumen del rumen. Desarrollan una relevante función celulolítica, en especial cuando la ración posee características fibrosas. Así como para las bacterias ruminales, en los hongos existen diferencias entre las diversas cepas en cuanto al uso de los diferentes substratos. Se ha propuesto que los hongos ruminales pueden ser relevantes para la fermentación cuando la ingesta tiene alimentos de baja calidad nutritiva.

La saliva en el rumiante

A nivel ruminal, la saliva conforma el fluido para que se lleve a cabo la fermentación microbial; además, se usa como una vía de transporte para trasladar el bolo alimenticio a la remasticación en la boca y como un transporte durante la evacuación del rumen hacía el abomaso e intestinos. Es formada por las glándulas salivales que rodean la boca. Las glándulas parótidas y glándulas molares inferiores son las que forman más cantidad de saliva, seguidas de las glándulas mixtas submaxilares, sublinguales y labiales y al final las glándulas bucal y palatina. Los bovinos producen alrededor de 88 a 188 litros de saliva al día. La mitad del total de la saliva viene de las parótidas, sin embargo, en los pequeños rumiantes, dos terceras partes provienen de parotídea.

La saliva del ganado vacuno es básicamente una mixtura de bicarbonato de sodio (125 mEq/L) y fosfato. Otros partes inferiores de la saliva, corresponde al C y Mg. Tiene un pH que varía de 8.2 a 8.4. La saliva tiene concentraciones importantes de N, en forma de urea. Las glándulas submaxilares y sublinguales forman la mayoría de esta urea, en especial cuando el rumiante está en reposo (77%). La urea es convertida a NH_3 y CO_2 por los microorganismos en el rumen, donde el N es usado para la creación de proteína microbial. Los rumiantes recién nacidos casi no producen salva, sobre todo en el primer mes de vida. La síntesis salival es afín directamente a los constituyentes del contenido del rumen. Entre más fibra exista en el rumen, habrá mayor cantidad de saliva.

Producción ruminal de gas

Los gases presentes en el retículo-rumen constan básicamente de CO_2 y CH_4 y la en una mezcla muy diferente a la del medio ambiente. Una vaca lechera de alta producción, que tiene una elevada ingesta de alimento, puede generar alrededor de 600 litros de gas por día. El gas tiene que ser expulsado a través del eructo para evitar inconvenientes respiratorios. Cualquier actividad que suprima la eructación provoca un acumulamiento del gas en el rumen llamado meteorismo que conduce a relajación de ese órgano que asfixia los pulmones.

pH ruminal

Varía de 5.8 a 7.0 y se da producto de la fermentación. El balance entre los contenidos de ácidos y bases generadas, la rapidez con que se lleva a cabo esa producción, y la eficacia de absorción de los mismos, conforman el sustento del pH ruminal. El tipo de ingesta actúa sobre el pH ruminal por diferentes vías. Los alimentos no inducen todos por igual a la rumia. La forma física de los alimentos es importante para inducir una adecuada rumia. La saliva contiene bicarbonato (HCO3–) y fosfato (HPO4–) que le dan un pH alcalino a la saliva (8.2 a 8.4) y que en el rumen actúan como tampón frente a la producción de ácidos. Cuando el rumiante ingiere concentrados, la ruminación baja y, por tanto, baja además la generación de saliva. Lo anterior provoca descenso del pH ruminal.

La estructura bioquímica de los alimentos también interfiere el pH en el rumen. Los glúcidos de rápida degradación como almidón y azúcares solubles, son fermentados mucho más rápidamente que los glúcidos como la hemicelulosa y celulosa. Esto provoca una síntesis más expedita de AGV junto a una baja síntesis de saliva, lo que provoca disminución del pH en el rumen. Otro aspecto que interfiere en el pH es el horario de alimentación. Los cambios diarios del pH en el pH ruminal afecta las poblaciones microbianas pudiendo estimulándolas o inhibirlas. No obstante, estos cambios, cuando ocurren dentro de una variación normal de pH, no destruyen a la totalidad de las bacterias.

Existen diversas acciones para sostener el pH en el rumen en valores adecuados. Estas acciones se integran y cuando se alimenta al animal convenientemente son las requeridas para sostener el pH en el rumen. La saliva de los rumiantes es muy diferente a la saliva de los no rumiantes. Es prácticamente alcalina (pH 8.2 a 8.4) y en bovinos con elevada ingesta la excreción salival puede ser mayor a los 100 litros/día. Esto conlleva a que por día llegan alrededor de 250 g de fosfato y de 1 a 2 kg de bicarbonato al rumen.

La ruminación es una actividad relevante en el sustento del pH, ya que con la misma se incrementa la síntesis de saliva y, por tanto, la entrada de amortiguadores al rumen. En rumiantes alimentados forraje, el pH en el rumen será de alrededor de 7. Lo anterior está basado por la combinación de la forma química y física de la ingesta. En las dietas a base a granos o concentrados provocará el resultado contrario al del forraje. La estructura física del alimento no provoca una buena ruminación y su estructura química provoca una acelerada fermentación y una producción de AGV que disminuye bastante el pH. El exceso de concentrados en la dieta puede conducir a una disminución del pH ruminal que puede causar acidosis ruminal y la muerte eventualmente del rumiante, si no se atiende a tiempo.

Otra forma para estabilizar el pH en el rumen consiste en acelerar el paso de los AGV por las paredes ruminales. Al transportarse los AGV, se está disminuyendo los ácidos del fluido ruminal, y la acción de transporte ruminal también se acompaña de la entrada de bicarbonato hacia el medio ruminal. El transporte de AGV tiene por tanto una acción doble: excluye ácidos e incluye bases.

Potencial redox en el rumen

El ambiente ruminal carece de O_2 por excelencia, lo que significa que se halla continuamente en situaciones de reducción. No obstante, es probable hallar muy poco O_2 en ocasiones, resultado probablemente, de su acceso a través de la ingesta o en el agua. Dicho ambiente beneficia la sobrevivencia de microbios anaerobios. La baja concentración de O_2 ruminal, según lo indica un potencial negativo de oxidación (Eh) entre -250 y -450 milivoltios (mV), provoca el desarrollo de esta clase de microbios (anaerobios obligados), que solo pueden prosperar sin O_2 o cuando su contenido es muy bajo.

Presión osmótica en el rumen

La presión osmótica (PO) en el contenido del rumen se debe a la presencia de átomos ionizados o compuestos concurrentes en un soluto y se cree que valen a la tensión gaseosa que provocarán estos iones si se localizaran en estado gaseoso. La PO es medida, generalmente, por la determinación de la caída del punto crioscópico. Las actividades fermentativas normales varían conforme varían las situaciones ambientales y dietéticas, éstas, generalmente, se dan a una osmolaridad que varía de 260 a 340 mOsM, regularmente cerca de 280, pudiendo incrementar hasta 350 o 400 mOsM después de ingerir *Medicago sativa* molida o concentrados. El paso del agua por la pared del rumen se lleva a cabo en pequeñas porciones con una osmolaridad normal, en tanto que con los aumentos de esta PO se especula que ingrese agua al rumen.

Excreción de las heces y su composición

Las heces, deposiciones fecales, estiércol o bosta del bovino están compuestas principalmente por agua y por los elementos no digeridos, ya sea por fibra lignificada indigerible o por granos con cubierta muy firme, o por otras fracciones alimenticias que podrían ser digeridas, pero que no lo son por un pasaje muy rápido por el tracto intestinal, como ser alimentos en partículas muy finas, algunos sectores de fibra del forraje, alimentos muy digestibles (tiernos, aguachentos), granos enteros, etc. Las del bovino difieren de casi todas las especies animales por su alto contenido en agua, la que está en relación directa con la cantidad de heces excretadas y con la mayor o menor aptitud para concentrarlas, como es el caso del ganado cebú, cuyas heces tienen un contenido menor de humedad que las del bovino europeo. El bovino europeo adulto defeca de 10 a 15 veces por día, el área cubierta por las heces se encuentra entre medio y un metro cuadrado diario y la cantidad total de heces eliminada es de unos 20 a 30 kg por día, pudiendo elevarse hasta 45 kg. En otoño, cuando la pastura es muy tierna, la cantidad de agua eliminada por heces puede alcanzar los 40 litros/día. En diarreas agudas, la descarga fecal es mayor que en animales en estado normal.

Clasificación de las heces según consistencia y forma
Consistencia líquida. – Tienen la apariencia muy líquida, diarreica, con casi nada de forma en el suelo, siendo extendidas, planas y de color verde oscuro en cuando están en pastoreo.

Consistencia blanda. - Son pastosas, se depositan en un solo lugar, se agrupan en forma expandida, de alrededor de un cm de altura, salpica al caer.

Consistencia correcta o balanceada. - Tienen una textura de masa espesa que se sostiene agrupada, de unos 2 a 3 cm de altura, redondeada en sus bordes, de color típico, totalmente creada.

Consistencia firme. - Son parcialmente espesas, de color normal, que se agrupan con una forma de tortilla cónica cortada baja, más elevada y firme que la correcta.

Consistencia dura. - No tiene forma de torta, en bolas, rodajas o aros firmes, duros, secos, amontonadas en pequeños montones.

Excreción urinaria y su composición

Los riñones son el principal órgano de excreción y llevan a cabo importantes actividades en el mantenimiento del metabolismo corporal; Son tres funciones elementales que llevan a cabo:

1. Control de la cantidad de sales y agua del organismo, incrementando o bajando la salida de electrolitos y agua.
2. Sostenimiento de la presión osmótica, volumen sanguíneo y pH.
3. Salida de compuestos raros al cuerpo, así como los fisiológicos, particularmente aquellas substancias tóxicas producidas durante el metabolismo.

El riñón es el encargado de la formación de orina. La primera etapa en la formación de la orina, es el filtrado de los glomerulos, que tiene una constitución parecida al plasma, pero con unas cuantas proteínas debido a que las macromoléculas no pasan la pared de los vasos capilares. El filtrado continúa a la cápsula de Bowman y de ésta al túbulo contorneado proximal donde inician las actividades de reabsorción y excreción. El túbulo reabsorbe toda la glucosa y además reabsorbe agua, aminoácidos, proteínas, cloruro de sodio y ácido ascórbico. Luego el filtrado continúa por el Asa de Henle, cuya parte descendente es permeable al agua y al Na; debido el fluido intersticial de la zona medular del riñón es hipertónico sale Na y se entra agua. La parte ascendente es impermeable al agua y reabsorbe activamente Na. Luego el filtrado pasa al túbulo contorneado distal, el que reabsorbe activamente Na y agua, estimulado por la hormona aldosterona; se añaden iones hidrógeno y amonio (pH) y al final el filtrado se dirige hacia el túbulo colector donde se realiza el ajuste final de la cantidad de agua en la orina.

CAPÍTULO 4

Digestión y absorción de los nutrimentos en rumiantes

Introducción

Para los rumiantes el primordial alimento lo representan los vegetales que contienen glúcidos estructurales; no obstante, no tienen enzimas que puedan hidrolizarlos y son los microbios presentes en el rumen, tales como bacterias, protozoarios y hongos, los que al fermentar la ingesta permiten al rumiante: 1) digerir glúcidos estructurales como la celulosa y hemicelulosa, 2) utilizar además de las proteínas, el nitrógeno no proteico (NNP), que eventualmente es transformado en proteína microbial y 3) producir vitaminas del tipo hidrosoluble. El rumiante (hospedero) usa las substancias finales de la fermentación, específicamente los ácidos grasos volátiles (AGV) y los nutrimentos incluidos en las células de los microbios, que son usados al degradarse en el abomaso e intestino delgado. Los tipos de microbios es cambiada por varios aspectos, uno de los más importantes es el cambio de alimentación.

Absorción de ácidos grasos volátiles

Del 60 al 80 % de las necesidades de energía del animal son satisfechos por los AGV absorbidos y en parte metabolizados en la mucosa del rumen (Figura 2). Los AGV se absorben por dos vías, dependiendo de su fase de disociación. Cuando se localizan en fase no disociada y por tanto soluble en grasas, son absorbidos por difusión simple a través de la membrana ruminal. Del ácido acético, una pequeña cantidad puede ser utilizada como fuente energética en la mucosa, pero la gran mayoría pasa a la circulación portal, desde la cual será captado en un 20 % por el hígado y el resto pasará a la circulación general para ser tomado por otros tejidos. Del ácido propiónico una fracción es degradada o convertida en ácido láctico antes o durante su absorción. El resto del ácido propiónico pasa a la circulación portal y un 95 % es captado por el hígado. El ácido butírico absorbido es convertido casi en su totalidad en β-hidroxibutirato en la mucosa ruminal. Junto a la pequeña cantidad de ácido butírico que queda, pasa a la vena porta.

Los AGV ácido acético y ácido butírico pueden ser utilizados como un recurso energético directo para cualquier parte del organismo, entrando como acetil-CoA a la ruta de los ácidos tricarboxílicos, o bien ser usados para producir ácidos grasos (AG), siendo solubles en grasas. El ácido propiónico tiene una ruta totalmente diferente, debido a que es el único que puede ser transformado a glucosa. Al ser glucogénico y obtiene gran relevancia en la nutrición de rumiantes, quienes tienen que producir la mayor parte de la glucosa que requieren.

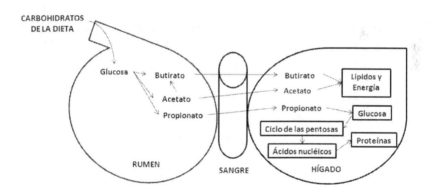

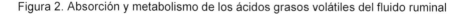

Figura 2. Absorción y metabolismo de los ácidos grasos volátiles del fluido ruminal

Absorción de glucosa y gluconeogénesis

El principal recurso energético para las células es la glucosa, inclusive es la única de relevancia para el sistema nervioso central (SNC). Por tanto, es importante mantener una aportación continua de glucosa a las células, el cuerpo interviene para sostener su concentración plasmática o glucemia dentro de un rango estrecho. Aun cuando los rumiantes tienen una glucemia más baja a la de los no rumiantes (de 40 a 60 vs 100 mg/dl respectivamente), sus necesidades de glucosa son equivalentemente altas. Lo anterior se debe a que sus células tienen similar metabolismo basal que en los no rumiantes y las necesidades se incrementan por los requerimientos de la síntesis de lana, leche o músculo. Por tanto, una vaca lactante de 500 kg de peso vivo necesita 500 g de glucosa/día para mantenimiento, en cambio cuando sintetiza 30 kg de leche/día las necesidades aumentan a 2,500 g/día. Lo anterior se debe a que gran parte de la glucosa ingerida por los animales es transformada en AGV, el contenido de glucosa que consigue llegar intacta al intestino y consigue ser absorbida es muy baja. Esta parte satisface solo del 5 al 15% de las necesidades cuando la ración es muy fibrosa, y alcanza el 30% si ésta es elevada en almidón con potencial sobre pasante. Estas circunstancias obligan a que los rumiantes deban producir la glucosa que requieren de compuestos no glucídicos (gluconeogénesis). Esta actividad se lleva a cabo primeramente en el hígado y en segundo lugar en el riñón.

El hígado es la víscera más importante par sintetizar glucosa y logra producir hasta un 85 a 90% del total cuando se usan raciones altas en fibra. Usa como fuentes principales al ácido propiónico, ácido láctico, glicerol y aminoácidos. La contribución proporcional de cada uno estriba del equilibrio energético del rumiante. El ácido propiónico es el principal proveedor hepático de glucosa (del 25 al 55%), dependiendo de su síntesis en el rumen, el porcentaje puede alcanzar hasta el 65% siempre y cuando la ración sea elevada en almidón. Del ácido láctico, el hígado produce del 5 al 15% de la glucosa. El ácido láctico viene en parte de la absorción del rumen, además del sintetizado por las bacterias y el producido en la pared ruminal por el ácido propiónico absorbido. La mayoría del ácido láctico se traslada al hígado derivado de las células, específicamente como fruto de la glucogenólisis. El hígado usa los aminoácidos en demasía de la ración y los originarios del intercambio proteico normal en las células, creando glucosa con sus estructuras carbonadas y urea o glutamina con los grupos amino. A excepción de lisina, taurina y leucina, todos los aminoácidos son glucogénicos, y pueden mantener más del 30% de la gluconeogénesis en el hígado. Los aminoácidos glucogénicos más relevantes son la glicina, serina, alanina y glutamina, (70%), especialmente los dos últimos (40-60%). La alanina y glutamina proceden básicamente de los músculos.

Las complicadas relaciones metabólicas en el cuerpo pueden simplificarse si se toma a en cuenta que el SNC, víscera controladora del cuerpo, depende para subsistir de una contribución adecuada de glucosa, y tiene los mecanismos para asegurarse este aporte, exigiendo al resto de las células a usar AG y no glucosa como recurso energético alterno; además, forzándolas a independizar a la sangre sustratos que el hígado pueda usar para producir más glucosa.

Absorción de péptidos, aminoácidos y NNP

En el rumiante la absorción de los aminoácidos se lleva a cabo básicamente en el íleon. Se absorben tanto como péptidos y pequeños aminoácidos libres. Se han mencionado dispositivos de co-transporte secundario para aminoácidos libres y terciario para péptidos pequeños. Los aminoácidos absorbidos desde el lumen intestinal, agregados a los que vienen del intercambio proteico del enterocito y a los que vinieron por sangre arterial, se trasladan la circulación y se unen a un pool de aminoácidos libres, del cual agarran y dan aminoácidos todas las células, obedeciendo a su fase de intercambio y equilibrio proteico.

La existencia de aminoácidos y péptidos a nivel de la luz del intestino delgado motiva la absorción de los mismos. Esto lo hace por medio del estímulo de la secreción de la hormona colesistokinina. Esta hormona regula la secreción exocrina del páncreas, incrementando el contenido de enzimas pancreáticas en la luz del intestino delgado. Otra actividad de la hormona es la de bajar el movimiento gastrointestinal, permitiendo mayor tiempo a las enzimas para actuar, lo que se supondría aumentaría la digestibilidad de los alimentos.

Aun cuando el amoníaco es de suma importancia para el desarrollo de los microorganismos ruminales, casi nunca se puede utilizar completamente para el crecimiento microbial, ya que hay un límite de la cantidad de amoniaco que pueden ser fijada por los microbios. El amoniaco producido en el rumen por encima de la capacidad de los microorganismos para ser asimilado se absorbe y, por sangre, es trasladado vía hepática y transformado en urea. Otra parte del amoniaco libre presente en el rumen se absorbe directamente vía el epitelio ruminal, hasta el fluido sanguíneo; al final, con mucha frecuencia, la mayor cantidad, se traslada junto con los alimentos digeridos hasta el intestino donde es absorbido vía del epitelio intestinal, después pasa a la sangre donde es trasladado a la vena porta y posteriormente al hígado. La mayor parte de la urea producida hepáticamente se excreta vía renal con la orina; otra porción (20%) es reciclada vía ruminal con la saliva o por difusión directa desde la sangre a través de la pared del rumen; eventualmente, por acción de la enzima ureasa se transforma a amoniaco.

La formación de proteína ruminal obtiene su nivel más elevado cuando la cantidad de amoníaco ruminal es de 9 mg por 100 ml. esta cantidad se obtiene con dietas que tienen 13% de proteína cruda y la urea es bien usada cuando se agrega con contenidos satisfactorios de glúcidos en dietas que tienen abajo de 13% de proteína cruda.

Absorción de lípidos

Los lípidos que alcanzan el intestino delgado en los rumiantes la mayoría ácidos grasos libres (AGL) que vienen de las actividades fermentativas y de biohidrogenación en el rumen. En el intestino, las sales de los AG formadas en el rumen se separan formando un compuesto bipolar, con un extremo hidrofílico y otro hidrofóbico. Esta particularidad de la bipolaridad de los AG, más el auxilio de las sales biliares sintetizan las micelas, siendo absorbidas en el intestino. Existe una absorción/uso preferencial de los ácidos grasos esenciales, que son convertidos en fosfolípidos.

La existencia de grasas en la luz del intestino promueve la secreción de hormonas como colesistokinina. Colesistokinina, además, promueve la contracción de la vesícula biliar, lo cual accede a que haya más sales biliares, por tanto ayuda la absorción de las grasas. Los AG que tienen menos de 14 carbonos, consiguen pasar claramente a la vena porta, en tanto, los más largos son reesterificados como triacilglicéridos (TAG), tomando el α-glicerofosfato de la vía glucolítica.

Los AG pueden tener distintos usos metabólicos: 1) pueden realizar un papel estructural como fosfolípidos en las membranas, 2) pueden ser un segundo mensajero como en el caso del fosfatidilinositol, 3) pueden formar prostaglandinas como los poliinsaturados, etc. No obstante, el metabolismo de los lípidos se relaciona especialmente al metabolismo energético en el rumiante. Esto se debe, por una parte, a que producen el doble de energía que las proteínas o los glúcidos; además, porque se pueden acumular en un pequeño espacio debido a su baja concentración de agua. El otro almacén de energía alterno para el cuerpo es el glucógeno; sin embargo, el glucógeno fija tres veces más que el glucógeno acumulado. Por tanto. Las grasas son producidas y almacenadas o hidrolizadas en base al equilibrio energético del rumiante. La lipogénesis se das cuando hay un equilibrio energético positivo y corresponde a la formación de tres AG y su esterificación con α-glicerofosfato para sintetizar triacilglicéridos (TAG). Los AG se producen a partir de acetil-CoA.

Absorción de vitaminas

En seguida se detallan varios mecanismos de absorción de los nutrimentos:

Difusión. Es el paso de las substancias vía de las membranas sin costo energético.

En preestómagos e intestino.- Con ejemplos como el agua, las vitaminas hidrosolubles con excepciones, como la colina que se ubica en bajas cantidades en los alimentos y por tanto, deben pasar por medio de transporte activo, asimismo, las vitaminas que requieren acoplarse a transportadores de membrana como la vitamina B12 la B2 que es fosforilada previo a su paso en intestino.

Presencia de la bilis.- las vitaminas liposolubles formando micelas para su transporte.

Transporte activo. Implica el paso vía las membranas en contra de una gradiente de concentración. Se describen dentro de este mecanismo la vitamina B12 y la colina. Sin embargo, la vitamina B12, requiere una proteína llamada factor extrínseco que se produce en el estómago y duodeno.

Absorción de minerales

La absorción de los minerales se lleva a cabo en forma de iones en el intestino delgado o en las primeras secciones del intestino grueso. Existe la posibilidad de que, en rumiantes, también se absorban vía pared ruminal.

CAPÍTULO 5

Los glúcidos en la nutrición de rumiantes

Introducción

Los enzimas microbiales digieren usualmente todos los azúcares y almidón y en gran medida los glúcidos estructurales. Los azúcares son usados como recurso energético por los microbios, que los transforma en ácidos grasos volátiles (AGV) que eventualmente son excretados hacia el rumen; la mayor parte de estos AGV son transportados por la pared ruminal y el resto en el abomaso. Los AGV conforman un 60% de la energía adquirida por el rumiante en su aparato digestivo y, hasta el 80% en caso de las dietas a base de forraje. La proporción de AGV formados en el rumen depende del tipo de flora microbial que habita, según el pH del rumen, que al final, es dependiente del tipo de ingesta: 1) los glúcidos estructurales con baja digestibilidad (paja, heno) fermentan espaciosamente (2-5% por hora) de manera que el grado con que se producen AGV es lento, y, por tanto, el pH del rumen se permanece elevado (>6.0), ayudando al crecimiento de bacterias celulolíticas productoras de acetato, 2) los almidones de cereales y el salvado fermentan velozmente (20-50% por hora), lo que ocasiona a una rápida creación de AGV y a una baja del pH en el rumen (<6.0). Asimismo, cuando se incluye concentrado en la dieta se mastica poco y por tanto la proliferación de saliva es baja, con la consecuente baja del pH. El bajo pH incrementa la producción de bacterias aminolíticas generadoras de lactato y propionato, lo que obstruye la creación de protozoarios y bacterias celulolíticas.

Características generales de los glúcidos

Los glúcidos, hidratos de carbono o azúcares son compuestos orgánicos formados por oxígeno, hidrógeno y carbono, los dos primeros en la misma cantidad que el agua, aun cuando hay glúcidos que tienen otros componentes en su molécula básicamente S, P y N. Contienen las siguientes particularidades:

1. Su molécula se basa en un cuerpo carbonado (parte orgánica)
2. La estructura carbonada contiene grupos hidroxilo (OH^-)
3. Contienen un grupo cetona o un grupo aldehído o ambos.
4. Son substancias abundantes en enlaces de alta energía (C-H; C-C; C-OH; C=O)
5. Muestran isómeros y otros exhiben funciones ópticas.

Abundan en las plantas en las que prácticamente rebasan el 75% de la materia seca, en cambio, los organismos animales su composición es mucho más reducida. La elevada cantidad en las plantas es debido a su rápida fabricación a través de la fotosíntesis:

$$6CO_2 + 6H_2O + 2870 \text{ kj} = C_6H_{12}O_6 + 6O_2$$

Los glúcidos en los vegetales suministran energía y fibra. Las plantas son el recurso más importante de energía para los herbívoros y no solo proporcionan glúcidos solubles sino que también son el recurso requerido de fibra dietética fundamentalmente relevante para los rumiantes debido a que estimulan de la ruminación.

Clasificación de los glúcidos

Los glúcidos de bajo peso molecular se clasifican como azúcares. Se agrupan dependiendo del número de unidades estructurales de azúcares sencillos en: monosacáridos, disacáridos y oligosacáridos, mientras que los glúcidos de alto peso molecular se les llama polisacáridos.

Monosacáridos.- Dependiendo de la posición del grupo carbonilo (C=O), a los monosacáridos se separan en dos grandes grupos: 1) Si el grupo carbonilo está ubicado en un carbono terminal se le llama aldosa (glucosa) y 2) si el grupo carbonilo está ubicado sobre un carbono secundario el azúcar se le llama cetosa (fructosa).

Dentro de los monosacáridos más importantes se encuentran las pentosas (Figura 2.1):

- Xilosa: componente de xilanas, pentosanas que conforman la estructura principal de las hemicelulosas de las plantas.
- Ribosa: localizada en el ARN en todos los tejidos.
- Arabinosa: componente de hemicelulosas, localizada en la goma arábiga y otras gomas

Las hexosas más importantes son las siguientes:

- Manosa: no se localiza libre, conforma substancias componentes de bacterias y hongos.
- Galactosa: tampoco se localiza libre. Es relevante debido a que es parte del disacárido lactosa, localizada en la leche.
- Glucosa: componente de muchos oligosacáridos y polisacáridos como el azúcar de sangre, linfa, uvas, frutas y miel.
- Fructosa: componente de las frutas, hojas verdes, miel y es muy dulce.

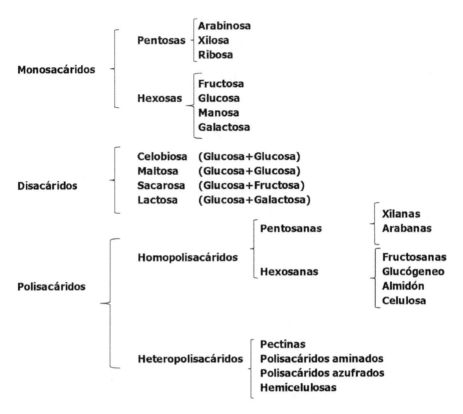

Figura 3. Glúcidos importantes en la nutrición de ovinos

Disacáridos y oligosacáridos

Los disacáridos son moléculas formadas por dos monosacáridos, unidas por un enlace llamado glucosídico. Los disacáridos más abundantes son la maltosa, la lactosa y la sacarosa y contienen en común al menos uno de los monosacáridos que conforman el dímero D-glucosa.

- Celobiosa: es el glúcido que conforma la celulosa.
- Sacarosa: está presente en la mayoría de las plantas, es abundante en la caña de azúcar.
- Maltosa: se obtiene a partir del almidón en la germinación y fermentación del grano de cebada.
- Lactosa: es el azúcar de la leche. Se forma en la glándula mamaria.

Los oligosacáridos (del griego oligo "pocos") son glúcidos formados por varios monosacáridos pero que están en un rango de 2 a 10 moléculas. En cambio, los Polisacáridos, son polímeros constituidos por cadenas de monosacáridos, que se unen por medio de enlaces glucosídicos. Los polisacáridos, conocidos también como: Glucanos, varían entre sí por el tipo de monosacáridos que los conforman, por lo largo de las cadenas, por el tipo de ramificación y por el principio que lo formó. Finalmente, los homopolisacáridos están conformados por una sola clase de monosacárido, en tanto, los heteropolisacáridos, por dos o más tipos de monosacáridos. Entre los más relevantes están:

Almidón
Es un homopolisacárido conformado por el monosacárido D-glucosa constituyendo enlaces glucosídicos del tipo α1-4 y α1-6. En las células de los frutos y raíces de las plantas el homopolisacárido se conforma de tamaños diferentes con pesos moleculares que fluctúan de miles a 500.000. Muestra dos tipos de conjuntos moleculares: amilosa y amilopectina. La amilosa se contiene cadenas largas, no ramificadas y generalmente conforman una masa helicoidal, no es soluble en agua. La amilopectina es un polímero de D-glucosa de cadenas ramificadas de longitud media (24 a 30 unidades por ramificación). Las uniones glucosídicos de la cadena principal son del tipo $\alpha(1\rightarrow4)$ pero los de los puntos de ramificación son $\alpha(1\rightarrow6)$. La amilopectina conforma casi el 80% de todos los almidones. Es muy adhesiva y es rápidamente hidrolizada por la enzima amilasa.

Glucógeno
Se le llama almidón animal es un homopolímero de glucosa parecido al almidón vegetal pero con una mayor ramificación que la amilopectina y más impenetrable. Se encuentra principalmente en el hígado de los rumiantes superiores, conformando el 10% de su peso húmedo. Además, se encuentra de 1 a 2% en el tejido muscular.

Celulosa
Conforma las membranas de las células de las plantas y es insoluble en agua y difícil de digerir en solución ácida y a la hidrólisis de las enzimas amilasas gástricas. Al hidrolizarse origina glucosa, pero no se degrada en TG, como si se lleva a cabo con el almidón, glucógeno y dextrinas. Los rumiantes, cuya dieta es abundante en celulosa, han perfeccionado mecanismos mediante los cuales algunas levaduras, protozoos y bacterias, ruminales o en el intestino grueso catabolizan

parcialmente la celulosa para formar, D-glucosa y ácidos grasos volátiles que el rumiante usa para obtener energía. La celulosa también es un homopolímero lineal y se diferencia de los almidones por la clase de unión glucosídica que conforma: mientras que el unión glucosídica de los almidones y el glucógeno es básicamente del tipo α (1–›4), el de la celulosa es del tipo β (1–›4).

Hemicelulosa

Son componentes de las paredes celulares de los plantas parecidas a la celulosa, pero se hidrolizan más rápidamente. Además, hay que considerar que estas moléculas cambian dependiendo de la edad, cultivo y mejoramiento genético. La hemicelulosa se identifica por ser un compuesto ramificado, como lo es el ácido urónico, con la fuerza de enlazarse a las otros compuestos por medio de uniones que forman la pared secundaria que cuida a las células de la presión ejecutada sobre estas por otras células que la circunscriben.

Pectina

Se ubica en los espacios intercelulares como un compuesto aglutinante, conforma una cadena polisacárida con vínculos laterales de galactana y arabana formando ésteres de Ca y Mg. Los microbios del rumen e intestino grueso la degradan. Además, evita diarreas debido a que retiene agua.

Lignina

Es un componente de la madera. A los vegetales que tienen abundante lignina se las llama leñosas. La lignina está conformada por la extracción irreversible del agua de los glúcidos, formando substancias aromáticas. Los polímeros de lignina son compuestos agrupados con pesos moleculares muy altos. Se identifican por ser un compuesto aromático (no carbohidrato) del que conforman una gran cantidad de polímeros estructurales (ligninas). Es mejor usar el término lignina en una forma colectiva para separar la substancia lignina de la fibra. Después de los glúcidos estructurales, la lignina es el compuesto orgánico más cuantioso en el mundo de las plantas. En las plantas juega un papel importante en el transporte interno del agua, nutrientes y otras substancias. Proporciona dureza a la pared celular formando puentes de unión entre las células de la madera. Las células lignificadas son muy resistentes al ataque de los microbios, lo que impide el implante de las enzimas hidrolíticas que metabolizan las paredes celulares de las plantas. Su estructura química tiene un alto peso como resultado de la unión de varios alcoholes y ácidos (sinapílico, cumarílico y coniferílico).

Las ligninas son compuestos insolubles en álcalis y ácidos fuertes, que no se degradan ni se absorben y tampoco son atacados por los microbios del intestino grueso. El nivel de lignificación de una planta afecta la digestibilidad de la fibra. La lignina, que se incrementa en la pared celular de los vegetales cuando éstos maduran, es resistente a la hidrólisis de as enzimas de las bacterias, y su contenido en fibra disminuye la digestión de los glúcidos estructurales.

Degradabilidad de la fibra en el rumen

La digestión de la fibra está en función de su degradabilidad en el rumen, y en menos grado a de su degradabilidad en el intestino grueso. La degradabilidad media de la fibra detergente neutro (FDN) contenida en los forrajes habituales es de un 60% (50% en el rumen y 10% en el intestino grueso); sin embargo, las pectinas de la pared celular son totalmente digeridas ruminalmente. Las primordiales causas que fijan el grado de la degradación ruminal de la fibra son su lignificación y el aporte de concentrado en la dieta: 1) respecto al efecto de la lignina, además de no ser degradable, reduce la degradabilidad del resto de componentes de la fibra, de tal manera que los lignoglúcidos que corresponde a la suma de lignina más carbohidratos asociados a la lignina, que se consideran como un 2.4 x lignina detergente ácido, son considerados completamente no degradables. La digestibilidad ruminal de los glúcidos de la pared celular independientes de la lignina varía de 50 a 75%, y, en el intestino grueso, se digieren cerca de del 20% de los glúcidos estructurales no degradados a nivel ruminal, 2) respecto al efecto de la inclusión de concentrado en la digestibilidad ruminal de la fibra es importante tomar en cuenta que los microbios ruminales usan ávidamente el almidón de los cereales, induciendo una disminución del pH del rumen a menos de 6.0; el bajo pH deprime el desarrollo de las bacterias celulolíticas, esto es, al aumentar la inclusión de concentrado en las raciones de los rumiantes se reduce la degradabilidad de la fibra. Aun cuando la mezcla ideal para una adecuada funcionalidad en el rumen se ubica cercano al 65% de la energía incorporada como concentrado y el 35% como forraje, prácticamente son requeridas aportaciones de concentrado por arriba del 70% de la dieta para sostener una elevada producción de leche, por lo que los forrajes no se digieren completamente en el rumen; sin embargo, la disminución de la digestibilidad de la fibra debido a las elevadas aportaciones de concentrado no es tan severa cuando los forrajes de la dieta son de buena calidad nutritiva, se utilizan amortiguadores ruminales, o se lleva a cabo alimentación integral: 1) la fibra de los forrajes de buena calidad es fácilmente degradada por las enzimas producidas por la flora celulolítica, por lo que, aunque la actividad de esta flora esté deprimida debido al alto aporte de concentrado, su producción de enzimas es aún suficiente para degradar altos porcentajes de la fibra de los forrajes de buena calidad, 2) los amortiguadores ruminales (bicarbonato sódico, óxido de magnesio) evitan la disminución drástica del pH ruminal debido a una alta inclusión de concentrado, por lo que la actividad de la flora celulolítica no está excesivamente deprimida, 3) la alimentación integral permite una estabilización de las fermentaciones ruminales, como se verá más adelante y 4) sin embargo, en determinadas circunstancias, el aporte de concentrado no reduce la degradabilidad de la fibra, sino que la mejora. En particular, la adición de concentrado (hasta un 20% de la ración) a forrajes de baja calidad como paja, henos mediocres aporta energía y nitrógeno fácilmente utilizable por la flora ruminal, facilitando su desarrollo y una mayor degradabilidad del material fibroso.

Otros factores que condicionan la degradabilidad ruminal de la fibra son: 1) cantidad de alimento ingerido: la degradabilidad de la ración depende del tiempo de permanencia del alimento en el aparato digestivo, y esto es particularmente cierto referido a la permanencia del forraje en el rumen; al aumentar la cantidad ingerida de alimento aumenta la velocidad del tránsito digestivo, y por tanto se reduce la degradabilidad de los forrajes. La reducción de la degradabilidad debida al aumento de la ingestión no es muy importante cuando los forrajes son de buena calidad, pero sí es considerable para forrajes de mala calidad. Así, los animales muy productivos, que precisan una elevada ingestión de alimento, digieren peor los forrajes de lenta degradación que aquellos animales que ingieren menos alimento (por ejemplo, animales en mantenimiento), 2) cantidad de grasa en la ración: la alta inclusión de grasa (inclusiones superiores al 5%) interfiere el desarrollo microbiano del rumen, reduciendo la digestibilidad de la fibra de la ración; esto es particularmente cierto cuando se incorporan a la ración grasas con un porcentaje importante de ácidos grasos insaturados, 3) tamaño del forraje: el picado de los forrajes provoca un aumento de la velocidad de tránsito intestinal, lo que se manifiesta por un lado en un aumento de la ingestión del forraje, y por otra en una disminución de su degradabilidad; es aconsejable el picado de los forrajes groseros (p.e. paja, heno) porque el efecto beneficioso sobre el consumo es superior al efecto negativo sobre la degradabilidad; por el contrario, no se aconseja picar los forrajes frescos porque no se mejora mucho el consumo pero se reduce bastante la degradabilidad, 4) la degradabilidad de los forrajes conservados es menor que la de los forrajes frescos; no obstante, esta disminución es mínima en el caso de ensilados bien realizados y 5) la utilización de ciertos aditivos como hongos blancos, bacterias celulolíticas activas a pH bajos, levaduras, etc. también permite mejorar la degradabilidad ruminal de la fibra (Figura 4).

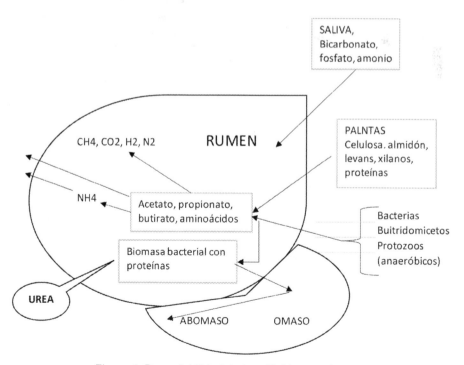

Figura 4. Degradabilidad de los glúcidos en el rumen

La degradabilidad ruminal del almidón

La digestibilidad del almidón en el rumen es usualmente completa; sin embargo, en el caso del grano del maíz, cerca del 15% de su almidón sobrepasa el rumen sin degradar hacia el abomaso. Sin embargo, el almidón que escapa a la fermentación ruminal se degrada totalmente en el intestino delgado: 1) debido a que los tratamientos térmicos gelatinizan el almidón de los cereales (y en particular el almidón del maíz), aumentando su degradación ruminal, los piensos de rumiantes (en particular los de hembras lecheras) no se suelen granular, ya que es deseable que la degradación ruminal del almidón sea lo más baja posible para conseguir una alta absorción de glucosa a nivel intestinal, 2) los cereales no se suelen moler finamente ya que la molienda fina, además de provocar que prácticamente todo el almidón del maíz se degrade en el rumen, da lugar a un rápido descenso del pH ruminal, lo que suele traducirse en acidosis ruminal. Prácticamente, los cereales para el ganado bovino se muelen groseramente o se aplastan, debido a que los granos enteros son pésimamente digeridos por lo salen en las heces; los granos para las ovinos y caprinos no se muelen ya que estos rumiantes rumian los granos sin problemas.

CAPÍTULO 6

Los lípidos en la nutrición de rumiantes

Introducción

El metabolismo de los lípidos en el rumiante es muy diferente al de los no rumiantes en varias características que están relacionadas con las cambios que los alimentos, circunscribiendo a las grasas y los fuentes lipogénicas, sufren producto la fermentación en el rumen. Las lípidos dietéticos sufren dos relevantes cambios en el rumen: 1) lipólisis y 2) biohidrogenación. La lipólisis se describe como la expulsión de los ácidos grasos de los ésteres presentes en las grasas dietéticas. La biohidrogenación es la actividad de saturación de las dobles ligaduras presentes en los ácidos grasos. Debido a la digestión microbial en el rumen, los grasas que dejan el rumen son básicamente ácidos grasos saturados (AGS) no esterificados de origen dietético y microbial (70%), y contenidos variables de fosfolípidos microbianos (10-20%). El C18:1 total logra una cantidad promedio de 6.2% en el que losisómeros trans son un poco menos del 50%. Sólo del 10-15% de los ácidos grasos poliinsaturados (AGPI) dietéticos esquiva a la biohidrogenación en el rumen.

Caracteres generales

Son compuestos orgánicos solubles en solventes orgánicos como cloroformo, éter y benceno e insolubles en agua. En el estudio de los alimentos se encuentran en la parte llamada extracto etéreo. En los forrajes y granos solo se localizan en cantidades pequeñas de grasas.

Las dietas ingeridas normalmente por los herbívoros tienen alrededor de 4 a 6 % de grasas, aunque representan una fracción importante de las mismas como recurso energético.

1. Funcionan como un recurso energético para los rumiantes que los ingieren. Además, en el organismo tienen actividades especiales al funcionar como vitaminas. Hormonas y enzimas, especialmente los lípidos compuestos y los no saponificables.
2. Son limitantes en las plantas.
3. Son insolubles en agua.
4. En los rumiantes se encuentran en contenidos inestables.
5. Son solubles en solventes orgánicos como el benceno, éter o cloroformo.
6. Tienen funciones estructurales, protectoras y aislantes en las células en las que se encuentren presentes.

Clasificación

En la Figura 5 se muestra la clasificación de los lípidos como componentes de los tejidos de los rumiantes:

Con glicerol **Sencillos** **Triglicéridos**	Esteres triples de glicerol con ácidos grasos.
Compuestos **Glicolípidos**	Un grupo alcohol del glicerol está unido a un un azucar ejemplo: galactosa = galactolípidos).
Fosfolípidos	Un grupo alcohol del glicerol está unido a ácido fosfórico, esterificado a su vez con colina lecitinas o etanolamina (cefalinas).
Sin glicerol **Esfingolípidos**	El glicerol es reemplazado por esfingosina que se une a un ácido graso y ácido fosfórico, esterificado a su vez con colina o etanolamina (esfingomielinas) o un azúcar (cerebrósidos).
Ceras	Alcoholes monohídricos de alto peso molecular esterificados con un ácido graso de cadena larga.
Esteroides	La unidad estructural es el ciclopentanofenantreno. Incluyen esteroles, ácidos biliares, hormonas sexuales y adrenales.
Terpenos	La unidad estructural es el isopreno. Incluyen aromas, carotenoides, hormonas vegetales y vitaminas A, E y K.

Figura 5. Clasificación de los lípidos. Tomado de Cuvelier et al. (2004) y McDonald et al. (2006).

Lípidos simples saponificables

Grasas

Son compuestos incoloros, inodoros e insípidos; sin embargo, cuando se enrancian toman tonos más oscuros y amarillentos por lo que cambian su sabor y olor. Son esteres de la glicerina con ácidos grasos llamados triglicéridos. Por la acción alcalina, padecen la acción saponificable que permite, a través de la hidrólisis de la grasa, la formación de glicerol y liberación de ácidos grasos que se unen al álcali creando jabón. En el rumiante la saponificación se lleva a cabo por las lipasas secretadas por el páncreas.

A los triglicéridos se les denomina de forma genérica como grasas, aunque normalmente se distinguen dos tipos: aceites y grasas. Los aceites que tienen ácidos grasos de menos de diez carbonos o con uno o más enlaces dobles, son líquidos a temperatura ambiente, y son normalmente de origen vegetal, aunque existen excepciones

como los aceites marinos. Las grasas tienen ácidos grasos saturados de diez o más carbonos, son sólidas a temperatura ambiente, y son de origen animal como por ejemplo la manteca (procedente del ganado porcino) y el sebo (procedente del ganado vacuno, ovino y equino).

Lípidos compuestos saponificables.

Son ésteres de los AG con bases nitrogenadas, azúcares, así como de los vestigios de AG hidrófobos.

Fosfolípidos. Son esteres del glicerol en el que dos grupos hidroxilo se esterifican con dos AG de cadena larga y un grupo con ácido fosfórico. Muestran funciones emulsionantes y llevan a cabo relevantes actividades en la conducción de lípidos sanguíneos. Los más cuantiosos en vegetales y animales son las lecitinas en las cuales el ácido fosfórico se localiza además esterificado con la colina.

Glucolípidos. Son una segunda clase de lípidos que se encuentran principalmente en los forrajes como las leguminosas y las gramíneas. Tienen una molécula similar a los triglicéridos; sin embargo, uno de los tres AG se cambia por el azúcar galactosa.

Esfingolípidos. Tienen el aminoalcohol esfingosina en vez del glicerol, al que se le agrega un AG, colina y fosfato. Proliferan en las membranas de las células adiposas.

Lipoproteínas. Son lípidos unidas a determinadas proteínas. relevantes en la conducción de lípidos por la sangre.

Lípidos no saponificables.

No contienen ácidos grasos y no pueden formar jabones.

Esteroides. Conjunto de substancias fisiológicamente relevantes en vegetales y animales originado del ciclopentanoperhidrofenantreno.

Terpenos. Conciben sabores y olores típicos. Al romperse producen isopreno. No dan energía al rumiante.

Además, como lípidos no saponificables se incluyen pigmentos vegetales, vitaminas liposolubles, carotenoides con misiones determinadas en el interior del rumiante.

Lípidos en el forraje

Generalmente, los forrajes contienen bajas niveles de grasas. Los contenidos de lípidos de la mayoría de los forrajes varían de 4 a 6% y están formados básicamente por glicéridos y en menor cantidad por fosfolípidos, ceras y esteroles. Se lleva a cabo una hidrólisis expedita de los triglicéridos y de los ésteres del galactosil glicerol a nivel ruminal. Gran parte de los ácidos grasos no saturados se hidrogenan a su análogo saturado. Los ácidos grasos de cadena larga casi no son metabolizados, pero sufren hidrogenación e isomerización, aunque alguna pequeña parte pueden ser catabolizados a cetonas. Los contenidos relativamente elevados de grasas o aceites dietéticas, es probable que no influyan fuertemente en la digestión total de la materia seca, además, han resultado depresores de la digestión de la celulosa *in vitro*. Por lo general, aumentan el desarrollo de NH3, bajan el ácido acético y elevan el ácido propiónico.

El metabolismo de los lípidos en el rumen se conduce en cuatro actividades: 1) hidrólisis, 2) biohidrogenación, 3) síntesis y 4) saponificación de los ácidos grasos (Figura 4.1). Además, los microbios del rumen tienen una gran influencia sobre los lípidos dietéticos. Los fosfolípidos y glicéridos son hidrolizados y el glicerol liberado es fermentado formando ácido propiónico. Los ácidos grasos dietéticos y los libres producto de la lipólisis en el rumen no se metabolizan; No obstante, los ácidos grasos insaturados como los ácidos linolénico, oleico y linoléico, son hidrogenados intensamente por flora y fauna del rumen. Los protozoarios Entodiniomorfos, conforman un grupo muy importante en relación al catabolismo de los lípidos, debido a que engolfan substancias vegetales, incluyendo a los cloroplastos y pueden eventualmente proteger a los ácidos grasos no saturados, de la hidrogenación ruminal. Los ácidos grasos de cadena larga de los lípidos microbiales son asimismo usados por medio de la digestión intestinal de las células microbiales, los ácidos grasos son claramente incluidos en los lípidos del rumiante. La hidrogenación de los lípidos dietéticos que se lleva a cabo en el rumen, tiene efectos importantes para la constitución de los aceites de las células del organismo. Los lípidos de origen animal, por lo general tienen más contenido de ácidos grasos saturados, los de los rumiantes, que los de los animales no rumiantes.

Metabolismo de los ácidos grasos en el rumen

En el proceso de digestión de los glúcidos, la glucosa y otros azúcares son absorbidos por los microbios generando NADH + H (reducido), ATP y ácido pirúvico en la glucólisis, y como consecuencia, se produce el ATP para el crecimiento y el mantenimiento de los microbios. La fermentación se lleva a cabo en ausencia de oxígeno y, por ende, el ácido pirúvico puede actuar como receptor de electrones, padeciendo una más elevada reducción con el propósito de proveer las moléculas requeridas para la reproducción del nicotinamida adenina dinucleótido (NAD) y el retiro general del NADH + H, con la generación extra de ATP. En conclusión, la actividad transformadora del ácido pirúvico origina los productos terminales de la fermentación, esto es, los ácidos grasos volátiles (AGV): acético (CH_3-COOH), propiónico (CH_3-CH_2-COOH) y butírico (CH_3-CH_2-CH_2-COOH).

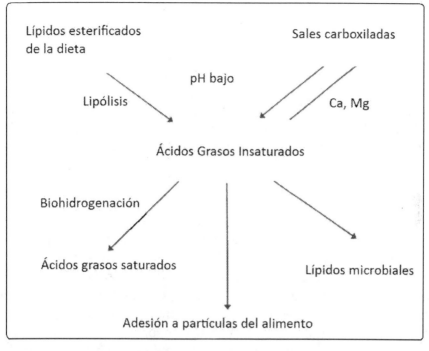

Figura 6. Metabolismo ruminal de los lípidos

Los AGV formados son usados por los microbios del rumen para la creación de otros ácidos grasos y aminoácidos que serán conducidos eventualmente al metabolismo de las bacterias, sin embargo, la mayor parte es trasladada al fluido ruminal para ser absorbida y agregada a la sangre por medio de la vena porta. En células, los ácidos grasos pueden ser catabolizados a acetil-CoA por medio de la beta-oxidación mitocondrial o esterificados a acilgliceroles, donde, como triacilgliceroles (grasas), conforman el primordial reservorio calórico del rumiante. El AGV acético es el principal metabolito de la digestión de los glúcidos en los rumiantes, ya que es el único AGV que se encuentra en la sangre en contenidos abundantes. Muchas células lo usan como un recurso energético debido a que la creación neta es de 10 moles de ATP por mol de acetato.

Una parte del propionato penetra la pared ruminal en tanto que otra es almacenada y conducida a la vena porta transformándose en glucosa, la cual se conduce al hígado donde eventualmente es convertida a ácido láctico. Este mecanismo usa varias reacciones: 1) transformación en succinil coenzima A, 2) entrada al ciclo de Krebs y 3) transformación en ácido málico, lo que genera el equivalente a tres moles de ATP. El malato entra al citoplasma de las células, donde se transforma en oxalacetato y subsiguientemente en fosfoenolpiruvato, que puede transformarse en fructosa difosfato por inversión de la secuencia de la glicólisis, el cual pasa a fructosa-6-fosfato por acción de la difosfructoquinasa, y luego a glucosa-6-fosfato, para convertirse eventualmente a glucosa debido a la acción de la enzima glucosa-6-fosfatasa. La glucosa es utilizada para crear ATP.

El ácido butírico en su paso a través de las paredes ruminales y del omaso, se transforma en β-hidroxibutirato, que puede ser un recurso energético para algunos células como las del músculo esquelético, posterior a su conversión en acetilcoenzima A y metabolizarse vía ciclo de Krebs, donde se genera agua, ATP y dióxido de carbono. La producción de grasa ruminal depende, además, del contenido de ácidos grasos ingeridos. Como se mencionó previamente, los ácidos grasos insaturados padecen un mecanismo de hidrogenación microbial, o biohidrogenación, específicamente por bacterias unidas al alimento. En la biohidrogenación la primera substancia intermedia que se genera es el ácido linoleico conjugado (ALC); en seguida se forma en la biohidrogenación del ciclo del ácido linoleico son los ácidos trans-octadecenoicos, como el ácido trans-11 vaccénico que es el resultado de un enlace doble de ALC. La biohidrogenación del ácido linoleico se consuma con la creación del ácido esteárico (C18:0). El grado de hidrogenación se afecta con el contenido de ácidos grasos poliinsaturados que alcanzan al rumen y del pH ruminal. Precisando que a mayor contenido de ácidos grasos insaturados, el porcentaje de hidrogenación será menor; además, entre más bajo es el pH en el rumen, más elevada es la disminución del desarrollo de las bacterias responsables de la hidrogenación, en especial las del grupo que realiza el último paso (de 18:1 a 18:0), permaneciendo al final un contenido más elevado de metabolitos intermedios.

Digestión Intestinal de los lípidos en el rumiante

Las actividades de la digestión intestinal en el rumiante se describen en la Figura 4.2. Los ácidos grasos (AG) que llegan al duodeno se encuentran mayoritariamente adsorbidos en el alimento, los microbios y las células endoteliales descamadas. Los AG se liberan de las moléculas por con polaridad. Las sales biliares (SB) ayudan a la interacción de los AG con los fosfolípidos de la bilis y el agua, lo que permite a la creación de una etapa líquida cristalina. El avance de lo ingerido se conduce de un incremento del pH desde un valor de 3 a 4 en las cercanías del orificio donde concurren de los conductos biliar y pancreático hasta 8 en el íleon. El aumento del pH facilita que la etapa líquida cristalina se esparza con la presencia de las SB para crear una micela. Al mismo tiempo, se liberan de lisolecitinas (LS) desde los fosfolípidos de la bilis y bacteriales por la ayuda de las fosfolipasas pancreáticas estimulan en gran medida la solubilización y mejora el paso de los AG por una capa de agua que cubre las microvellosidades intestinales. Los escasos triglicéridos que evaden del rumen son hidrolizados en las etapas iniciales del intestino delgado por la lipasa pancreática.

Figura 7. Digestión de los lípidos en el intestino delgado de los rumiantes

CAPÍTULO 7

El nitrógeno en la nutrición de rumiantes

Introducción

Las proteínas son substancias que están formadas por aminoácidos. Representan un conjunto muy complicado de compuestos que tienen oxígeno, nitrógeno, carbono, hidrógeno y en ciertos casos, azufre. La hidrólisis de las proteínas produce aminoácidos libres. Un aminoácido es un ácido orgánico que contiene un grupo amino. Aun cuando más de 200 aminoácidos han sido identificados, solo 20 del total son considerados como unidades proteicas. Se encuentran entre los nutrientes más importantes, junto con los lípidos y los carbohidratos. Son requeridas para la formación de substancias propias del organismo involucradas en la conformación de las membranas junto con los lípidos, como glicoproteidos en funciones de lubrificación y como nucleidos que ayudan a la formación de las proteínas propias del rumiante, así como la división celular y la creación de los cromosomas. El valor biológico de las proteínas estriba de su digestibilidad, que estriba a su vez de la conformación, es decir, de su constitución de aminoácidos. La cantidad de aminoácidos esenciales establece el valor biológico. Las proteínas conforman la porción más relevante de la dieta. Son unidades elementales en las células animales y solicitadas para el sustento de las funciones importante como son la reproducción, crecimiento, lactación y renovación de las células.

Tipos de proteínas

Las proteínas se pueden clasificar en dos tipos principales: Proteínas simples y proteínas conjugadas.

Proteínas simples

Se agrupan en dos categorías según su forma: *Proteínas fibrosas.*

- Normalmente tienen estructura secundaria
- Como hebras, ya sea individuales o agrupadas
- Insolubles en agua
- Unidades estructurales o estructuras protectoras.

Proteínas globulares

Las proteínas globulares se dividen en seis categorías y, en general, estos son:

- Con la estructura terciaria o cuaternaria
- Casi redondeada en su contorno
- En su mayoría son solubles
- Tienen funciones enzimáticas y no enzimáticas

Albúminas

Son compuestos de alto peso molecular, solución de sal neutra, soluble en agua y se diluye y se coagula al calentarla. Como sería el caso de: la beta-amilasa, la albúmina de huevo, la albúmina del suero sanguíneo.

Globulinas

Son compuestos de alto peso molecular, neutrales, solubles en agua salada, se coagulan al calentarse a altas temperaturas, por ejemplo, la a-amilasa, los anticuerpos en la sangre, las globulinas de suero, el fibrinógeno sanguíneo.

Prolaminas

Insolubles en agua pero solubles en soluciones salinas y alcohol del 70-80%, por

Glutelinas
Insolubles en agua, pero solubles en un ácido débil o una base.

Histonas
Moléculas pequeñas con más proteínas básicas, solubles en agua, pero no se coagulan fácilmente por el calor, por lo general se encuentran asociadas con los ácidos nucleicos, como en nucleoproteínas.

Prolaminas
Contienen aminoácidos básicos, solubles en agua y no se coagulan con el calor.

Proteínas conjugadas

Estos complejos de proteínas y otras moléculas diferentes se pueden dividir en siete tipos.

Nucleoproteínas
Son proteínas asociadas con ácidos nucleicos y se localizan en el núcleo. En su mayor parte conforman los cromosomas. Los ribosomas son moléculas de ribonucleoproteínas en particularidad.

Lipoproteínas
Son proteínas asociadas a lípidos y se localizan en membranas y las superficies de la membrana celulares y son activas en la formación de la membrana y sus actividades.

Glicoproteínas
Son proteínas asociadas a glúcidos y toman un papel relevante en los mecanismos de reconocimiento de los tejidos y los mecanismos celulares de protección contra los microbios. Se localizan en la superficie de las membranas y en las paredes celulares.

Cromoproteínas
Son proteínas asociadas a pigmentos que se localizan en la hemoglobina y la flavoproteína.

Metaloproteínas
Son complejos proteicos con compuestos metálicos como el Fe de la ferritina.

Mucoproteínas
Son proteínas asociados a muoild y están presentes en la saliva.

Fosfoproteínas
Son proteínas asociadas a un fosfato y están presentes en la leche (caseína), huevo (vitelina), etc.

Aminoácidos esenciales

Las plantas y muchos microbios están capacitados para construir proteínas de substancias nitrogenadas simples, como sería el nitrato. El organismo animal no pueden construir el grupo amino, y con el propósito de sintetizar sus proteínas orgánicas, ellos deben poseer una recurso dietético de aminoácidos. Algunos aminoácidos pueden ser sintetizados a partir de otros por un mecanismo llamado transaminación, pero los esqueletos de carbono de ciertos aminoácidos no pueden ser construidos por los animales; por tanto, estos aminoácidos son conocidos como indispensables o esenciales. Los aminoácidos esenciales para la mayoría de animales son: arginina, histidina, isoleucina, leucina, lisina, metionina, fenilalanina, treonina, triptófano y valina. La arginina e histidina, el organismo animal puede construirlos, pero en cantidades bajas para cubrir las necesidades corporales, especialmente en los periodos iniciales del crecimiento o para los elevadas cantidades requeridas en la síntesis.

Factores que afectan la síntesis de aminoácidos en el rumen

La proteína microbial (PM) del rumen figura un recurso importante de aminoácidos para los animales. La PM aporta con casi dos terceras partes de los aminoácidos ingeridos por el rumiante. Aun cuando está representada por una relativa elevada proporción de nitrógeno no proteico (NNP), juega un rol muy importante en la nutrición de los rumiantes. Sin embargo, hay aspectos que pueden perturbar la formación de proteína microbial ruminal, como sería el consumo inadecuado materia seca, un desbalance en la relación concentrado-forraje de la ración, el medio ambiente del rumen inapropiado y la carencia de vitaminas y minerales. Una carencia en la formación de proteína microbial se muestra en rumiantes que son alimentados con raciones elevadas con concentrado, por el disminuido pH ruminal o en rumiantes alimentados con pajas de baja calidad nutritiva, por la disminuida degradación de los glúcidos.

Metabolismo de los compuestos nitrogenados en el rumen

En el tracto gastro intestinal (TG) la degradación de las proteínas es parecida en los no rumiantes a la de los rumiantes. Las proteínas y los péptidos son metabolizados hasta oligopéptidos por la hidrólisis catabolizada de las enzimas proteolíticas carboxipeptidasas, tripsina y quimotripsina, las cuales son secretadas por el páncreas. Posteriormente, los oligopéptidos son separados por las enzimas oligopeptidasas de la membrana apical de los enterocitos formando aminoácidos, dipéptidos y tripéptidos que al final se absorben en el TG. No obstante, en desacuerdo con los no rumiantes, la proteína que alcanza el TG del rumiante es distinta a la consumida en la dieta, debido a que los microbios en el rumen transforman más del 50% de las proteínas dietéticas. Lo llevan a cabo con proteasas de las membranas celulares que degradan las proteínas en péptidos y algunos aminoácidos libres, los que finalmente son absorbidos por el microbios.

Hay un gran número de substancias nitrogenadas utilizables por los microbios presentes en el rumen del ovino (Figura 8). Dichas substancias son: proteínas de muchos tipos, varias substancias nitrogenadas no proteicos como amoníaco, amidas, aminoácidos, aminas, aminas volátiles, péptidos, nitritos, nitratos, sales de amonio, urea (que puede ingresar al rumen a través del torrente sanguíneo y a través de la saliva) y Biuret, estos dos últimos pueden ser incorporados como aditivos en las raciones de ovinos.

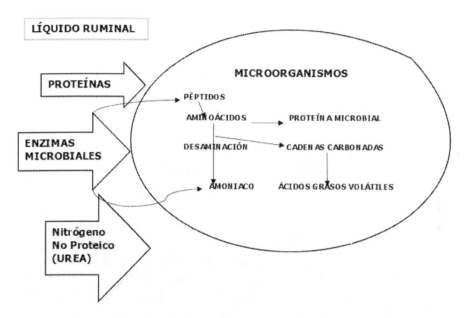

Figura 8. Destino de los compuestos nitrogenados en el rumen

Los procedimientos generales del metabolismo nitrogenado microbiano en el rumen del ovino son los siguientes (Diagrama 2):

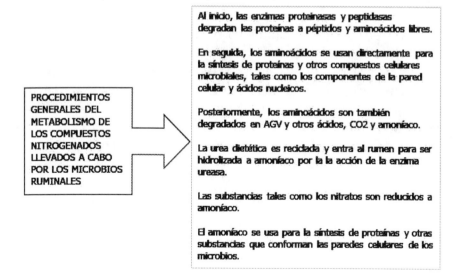

Diagrama 2. Metabolismo de los compuestos nitrogenados

Casi el total de las proteínas ingeridas son convertidas en proteína microbial, además, se excretan en forma de urea en la orina o proteína de heces no digerida. Comparativamente poca proteína consumida se libera del metabolismo llevado a cabo por los microbios del rumen. La proteína microbial formada eventualmente es degradada en el abomaso e intestino delgado. Esta proteína microbial es muy digestible para el rumiante.

Metabolismo de otras substancias nitrogenadas

Las purinas y pirimidinas al ser metabolizados por los microbios del rumen originan NH4, CO_2 y ácido acético. Además, la urea, si no es ingerida, entra constantemente al a través de la pared ruminal, proveniente de la sangre y a través de la saliva, lo cual representa una buena fuente de N para el desarrollo de los microbios. La enzima ureasa cataboliza velozmente a la urea degradándola a NH4 y CO_2 los cuales son utilizados en la síntesis de la proteína microbial. Además, El nitrato dietético es catabolizado por las bacterias del rumen a NH4, con nitrito como intermediario.

En la Figura 3.2 se muestra cuando el balance proteína y energía es el adecuado se potencializa el desarrollo proteico y, por tanto, el desarrollo de los microbios. El rápido crecimiento microbial provoca que se incrementen las demandas energéticas de los microbios, lo que induce a que se incremente también la fermentación de la glucosa con la consecuente producción de AGV. Sin embargo, cuando hay un exceso de glúcidos comparados con la proteína, aumenta la cantidad de energía pero disminuye el nitrógeno para mantener una adecuada síntesis de proteína, por ende, el desarrollo de los microbios no es el adecuado. La energía no es la suficiente para mantener a células que no están reproduciéndose, en vez de usarse para las actividades metabólicas de las células en desarrollo. Además, cuando hay mucha proteína comparada con los glúcidos, existe mucho N para mantener el desarrollo, pero se limita debido al bajo contribución energética. Lo anterior provoca que los microbios usen aminoácidos para llenar sus requerimientos de energía, en vez de usarlos para producir proteínas.

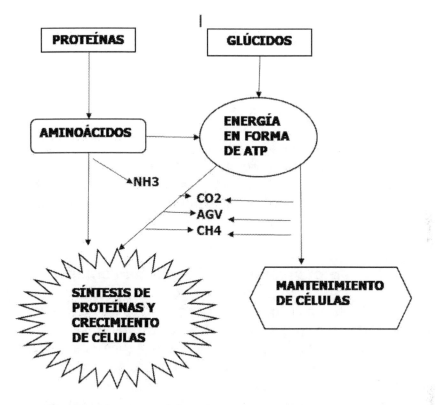

Figura 9. Balance entre la proteína y energía en el rumen de los ovinos

Nitrógeno y desarrollo microbial

Las más importantes substancias nitrogenadas extracelulares usadas en la formación de la proteína microbial en el rumen y otros componentes celulares, son el NH3, péptidos y aminoácidos. Se ha corroborado que los péptidos son agregados más rápidamente que los aminoácidos libres a las bacterias. Una gran cantidad de aminoácidos libres no pueden penetrar la pared celular de las bacterias, sin embargo, los péptidos que tienen entre 4 a 20 o más aminoácidos se usan fácilmente, así como el NH3. La mayoría parte del carbono de los aminoácidos glutámico y aspártico, son muy bien metabolizados a AGV que incluidos a los aminoácidos de los microbios. Muchas especies usan eficientemente aminoácidos exógenos libres como un recurso de N y C, sin embargo, el carbono peptídico exógeno y el nitrógeno peptídico, se convierten más rápidamente en proteína bacterial que el C y N de los aminoácidos exógenos libres.

Los péptidos ingresan como tales a las células bacteriales y eventualmente son hidrolizados aminoácidos antes que se metabolicen. Muchos aminoácidos preformados se metabolizan generando NH_3 y éste es usado como el principal recurso de N. El NH_3 es importante para muchas especies de bacterias ruminales. Inclusive cuando las raciones contienen péptidos y aminoácidos en cantidades requeridas para toda la síntesis proteína microbial y contenidos suficientes de glúcidos como recurso energético, un contenido importante de los aminoácidos es degradada a NH_3, ácidos y CO_2.

Destino de la proteína de la ración en rumiantes

La fracción A es nitrógeno no proteico y se degrada siempre de forma completa e instantánea (Figura 3.3). La fracción B es proteína verdadera. Toda es potencialmente degradable si permanece suficiente tiempo en el rumen. Sin embargo, debido a que el tiempo de permanencia en el rumen de los alimentos es generalmente inferior al tiempo necesario para que se complete la degradación, una parte de ella escapa sin degradar al intestino grueso. Por tanto, la fracción B contribuye tanto a la proteína degradable como a la no degradable. La cantidad de B realmente degradada depende de su constante de degradación (característica de cada alimento) y de la velocidad de tránsito, que a su vez depende del nivel de alimentación. La proteína no degradable incluye a la parte de B que no ha sido degradada y a una parte denominada C que no es ni degradable en rumen ni digestible en intestino delgado en ninguna circunstancia.

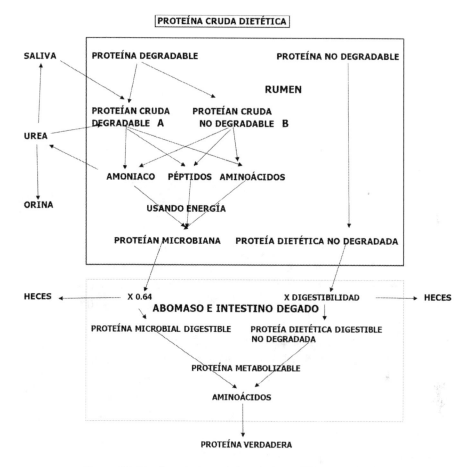

Figura 10. Destino de la proteína de la ración en rumiantes

La palabra Proteína Absorbida se ha tomado en cuenta como sinónimo de Proteína Metabolizable (PM), procedimiento que toma en cuenta la degradación en el rumen de la proteína y divide las necesidades entre requerimientos de los microbios del rumen y del organismo. La PM se define como la proteína verdadera ingerida en el TG compuesta por la Proteína Microbial (PMo) y la Proteína No Degradable en el Rumen (PND). Existen prácticamente dos causas para adoptar el procedimiento de PM: 1) se dispone de más información que en el año 1984 sobre las dos partes del procedimiento (PMo y PND) y 2) el procedimiento está basado en Proteína Bruta, lo cual es un error debido a que asume que todos los ingredientes tienen igual velocidad de digestión ruminal, y que todas las raciones asumen similar eficacia de transformación de PB a

PM. La PB del alimento puede ser medida de la suma de PND y PDR (Proteína Degradable en Rumen). Dividiendo los requerimientos del rumiante de PM por un valor que varía de 0.64 a 0.80, dependiendo de la digestibilidad de la proteína de la ingesta, se calcula el requisito de PB. Los coeficientes 0.64 y 0.80 se usan cuando el total de la proteína de la ingesta es no degradable o degradable, respectivamente.

En seguida se muestran las etapas que sigue la PB de la ingesta en el procedimiento de PM:

PDR = Proteína Degradable en Rumen	a = 13 % del TND
PND = Proteína No Degradable	b = PMo * 0.64
PMo = Proteína microbiana	c = PND * 0.80
PM = Proteína Metabolizable	d = eficiencia de PM a PN
PN = Proteína Neta o Retenida	> / = 300 Kg PVE: 49.2
PVE = Peso Vivo Equivalente	< 300 Kg PVE: 83.4 − (0.114 * PVE)

La PB de la ingesta está dividido en dos componentes, PDR y PND. En el rumen, la porción degradable (PDR) es usada para el desarrollo de PMo, la que eventualmente es absorbida en el intestino como PM. La PMo se toma en cuenta como un 80 % de la proteína verdadera, y de esta se digiere un 80 % (PM proveniente de la PMo = PMo * 0.64). La porción no degradable de la PB del alimento (PND) fluye sin alteraciones por el rumen, y al llegar al intestino se absorbe como PM, asumiéndose una digestibilidad del 80 % (PM proveniente de la PND = PND * 0.80). La PM proveniente de la PMo y la PND, una vez absorbida, lleva a cabo acciones de mantenimiento y crecimiento (PN) del rumiante.

CAPÍTULO 8

La energía en la nutrición de rumiantes

Introducción

La comprensión del metabolismo energético y el fraccionamiento de la misma en el ganado ha sido un aspecto importante en el progreso de la obtención de carne, lana y leche bovina. Los regímenes de nutrición intensiva se fundan en las cantidades de energía determinadas por medio de pruebas metabólicas y en estudios de sacrificio comparativo que proporcionaron las cantidades de energía neta de los ingredientes dietéticos. Compensar los requerimientos energéticos de los rumiantes es el más elevado costo asociado a la alimentación del ganado. Inclusive en las etapas improductivas, los rumiantes requieren energía para sostener las actividades fisiológicas, preservar la temperatura del cuerpo estable y sostener la actividad de los músculos. Además, los rumiantes requieren energía para su productividad: trabajo, crecimiento, reproducción, engorde y lactación. Ambos, el catabolismo y el anabolismo son dos actividades simultáneas e interdependientes, que pueden examinarse separadas. Cada uno de las actividades incluye la cadena de reacciones enzimáticas por medio de las cuales se se sintetiza o degrada la estructura covalente de una determinada molécula.

Metabolismo

Se define como la cantidad total de las procedimientos enzimáticas que se llevan a cabo en el organismo. Las actividades específicas del metabolismo son: 1) adquirir energía química del contorno de los compuestos orgánicos nutrimentales o de la luz solar, 2) transformar los compuestos nutrimentales exógenos en los predecesores de las unidades moleculares de los tejidos, 3) juntar los predecesores para producir ácidos nucleicos, lípidos, proteínas y otras partes de las células y 4) producir y romper las moléculas requeridas para las actividades de las células especiales. Las rutas metabólicas son similares en todas las formas de vida, en especial aquellas que les llama vías metabólicas centrales.

Catabolismo y anabolismo

El catabolismo es la hidrólisis enzimática, mediante reacciones de oxidación, de moléculas nutrimentales comparativamente grandes (glúcidos, proteínas y lípidos) originadas del entorno de los tejidos o de sus propios almacenes de almacenamientos nutrmentales, hasta convertirlos en moléculas simples y menores. El catabolismo va a la par con la salida de energía libre, la cual se almacena en forma de ATP. El anabolismo es la formación enzimática de compuestos celulares relativamente grandes de los tejidos, ejemplo: ácidos nucleicos, polisacáridos, lípidos, proteínas a partir de moléculas predecesoras sencillas. Debido a que las actividades sintéticas causan un incremento en el tamaño y la complejidad de los arreglos, se requiere la energía obtenida por el enlace fosfato del ATP.

El anabolismo y el catabolismo son dos actividades que se se llevan a cabo al mismo tiempo, pero pueden estudiarse separadamente. Cada una de las actividades incluye la serie de procesos enzimáticos por medio de los cuales se hidroliza o se produce el esqueleto covalente de una misma molécula. Los intermediarios químicos de este proceso se llaman metabolitos.

Energía bruta (EB)

Es la energía disipada mediante calor por medio del quemado total de un alimento por medios oxidativos usando la técnica de calorimetría (Figura 17.1). La técnica de calorimetría implica el uso de una bomba calorimétrica que está constituida de una vasija metálica resistente que se coloca en la parte interna de otra vasija aislada con agua. El O2 se iinjecta a presión. El quemado se logra por medio de una corriente eléctrica. El calor generado en la oxidación se estima a partir del incremento de la temperatura del agua que envuelve la bomba. La técnica puede usarse para alimentos completos, sus ingredientes, productos de origen animal y heces.

La energía se expresa en kcal, Mcal o kJ, MJ. 1 kcal = 4.184 kJ. El valor promedio de EB de los alimentos (excepto las grasas puras) es 18.4 MJ/kg MS, y se aumenta conforme aumenta la cantidad lípidos y proteína. Puede estimarse multiplicando la cantidad de cada parte del alimento por su valor de combustión: EB (Mcal/kg MS) = 5.7 x proteína bruta + 9.4 x grasa bruta + 4.7 x fibra bruta + 4.7 x extracto libre de nitrógeno, donde las partes están expresados en kg/kg materia seca (MS). La energía bruta total de los alimentos no puede ser usada por el organismo. Una parte se desperdicia con los productos excretorios (gases, heces, orina) y otra parte se disipa en forma de calor. Usando la energía bruta se pueden obtener otras mediciones de la energía contribuida por un alimento.

Energía digestible aparente (ED)

Corresponde a la energía bruta del alimento restando la energía bruta de las heces originadas de la ingesta de ese alimento. La energía fecal (EF) representa la mayor pérdida de energía consumida, por tanto, representa una importante estimación de la digestibilidad. Las pérdidas son: En los rumiantes de 40-50% en forrajes y 20-30% en concentrados.

Energía metabolizable (EM)

Corresponde a la energía digestible menos la energía perdida en la orina (principalmente urea en mamíferos) y con los gases obtenidos de las fermentaciones que ocurren en el tracto gastrointestinal (CH4). Su medición necesita el acopio de la orina en jaulas metabólicas y de los gases de fermentación (cámara de respiración).

Incremento térmico y energía neta (EN)

El incremento térmico (IT) se observa cuando los animales consumen alimentos. Coresponde a la digestión de los alimentos (movimientos intestinales, masticación, deglución), la absorción y transporte de los nutrientes, la fermentación microbiana, y el metabolismo de los nutrientes ingeridos. Con excepción de su contribución al mantenimiento de la temperatura corporal en un medio ambiente frío, el incremento térmico supone una pérdida más de la energía del alimento. La energía neta de mantenimiento corresponde a la energía utilizada para el funcionamiento del organismo y abandona el cuerpo en forma de calor.

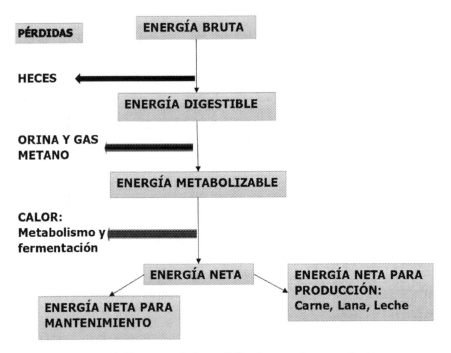

Figura 11. Esquema de la partición de energía en rumiantes

Técnicas para estudiar el metabolismo energético

La determinación del valor calorífico del material almacenado o perdido del cuerpo durante un intervalo de tiempo, puede realizarse de dos maneras: 1) método de sacrificio comparativo y 2) estudios de balance.

En el método de sacrificio comparativo al principio y al final del intervalo de tiempo se determinan los calores de combustión de los cuerpos enteros de dos animales exactamente similares y la retención de energía se determina por diferencia. Aparte de los gemelos idénticos, no hay dos animales exactamente iguales, por lo que la técnica de sacrificio comparativo implica necesariamente el sacrificio de grupos de animales bastante grandes si el error asociado a la estimación de la retención se mantiene pequeño. El método es adecuado para estudios con pequeños animales de laboratorio y aves de corral. Es un método costoso lleno de dificultades técnicas debido a problemas de muestreo cuando se aplica a animales grandes y no puede aplicarse al hombre. Sin embargo, el método de sacrificio comparativo proporciona una medida directa de la retención, limitada sólo por la precisión analítica y por el supuesto básico de que inicialmente los dos grupos de animales tienen el mismo contenido energético. Con los números adecuados y la asignación al azar de los animales, esta última suposición no conduce a error sistemático. Los estudios de balance para determinar la retención de energía son de dos tipos. En uno se mide la diferencia entre el calor de combustión del alimento y la suma de los calores de combustión de las heces, incluidos los gases y el calor producido por el animal, durante un intervalo de tiempo. Este método se denomina método de balance energético. En el otro, a partir de la ingesta de carbono y nitrógeno en los alimentos, se deducen todas las pérdidas de estos elementos en las heces y como gas para dar estimaciones de la retención de C y N en el organismo. Ciertas suposiciones sobre las formas químicas en las que C y N se almacenan en el cuerpo se hacen para proporcionar una estimación de la grasa y la proteína y, por tanto, de la energía retenida. Cuando la retención de hidrógeno también se determina mediante estos mismos métodos de balance, se pueden obtener estimaciones de la retención de grasas, proteínas y glúcidos. Estos métodos se llaman los métodos de balance C y N o C, N e H.

Las ventajas de estudios de balance son que no implican la destrucción de animal ya que pueden repetirse una y otra vez con el mismo animal, y teóricamente pueden medir pequeñas retenciones de energía durante cortos intervalos de tiempo. Sin embargo, ninguno de los métodos de equilibrio está libre de supuestos básicos que pudieran dar lugar a errores sistemáticos. Además, las técnicas de equilibrio en general son muy propensas a errores sistemáticos debido a deficiencias en las técnicas experimentales. Además, están sujetos a errores de tipo estadístico, es decir, errores aleatorios derivados en gran medida de dificultades de muestreo.

Calorimetría

Por medio de un calorímetro se puede medir de la producción de calor. Mediante calorimetría se puede estimar el costo energético de las pérdidas en los estudios del metabolismo energético. El calor producido por los animales se mide como la producción total de calor, que incluye el calor utilizado para el mantenimiento y perdido como incremento calórico. La energía retenida en el tejido corporal (y la leche en animales lactantes o el crecimiento fetal en animales gestantes) se calcula como la diferencia entre la ingesta total de energía bruta y los rendimientos energéticos de las heces, la orina, el metano y la producción de calor.

La calorimetría directa es simple en teoría, pero difícil en la práctica. Los calorímetros diseñados para medir la producción de calor de un animal se basan en el mismo principio general que la bomba calorimétrica, en que el calor desarrollado se utiliza para aumentar la temperatura de un medio circundante. La calorimetría respiratoria ha sido un método habitual para determinar la producción de metano y calor en estudios de metabolismo energético en animales de granja. Es un método indirecto, donde se mide el intercambio gaseoso asociado con la oxidación de sustratos energéticos y se calcula la producción de calor a partir de la estequiometría de la oxidación de sustratos. La mayoría de ellos funcionan siguiendo el principio de circuito abierto, con el animal confinado en una cámara respirométrica.

CAPÍTULO 9

Vitaminas en la nutrición de rumiantes

Introducción

Se identifican 14 compuestos orgánicos con actividad vitamínica, las liposolubles: A, E, D y K y las hidrosolubles: Ácido fólico, Cianocobalamina (B12), Biotina (B8), piridoxina (B6), Acido pantoténico (B5), Niacina (B3), Riboflavina (B2) y Tiamina (B1). Las vitaminas tienen un gran efecto sobre el ganado, cuando son provistas con tiempo, incrementan la eficiencia alimenticia y la productividad de los rumiantes; además, evitan que los animales sufran patologías. Son compuestos que se necesitan en muy bajos contenidos por todos los rumiantes para sostenerse y poder llevar a cabo prácticamente todas las actividades productivas, como son la reproducción, el desarrollo y la producción láctea. En los rumiantes en pastoreo, es común tener abortos y bajos porcentajes de fertilidad, los cuales pueden ser ejemplos de una carencia de las vitaminas liposolubles A o E. Los rumiantes alimentados con forrajes pueden producir en el rumen todas las vitaminas que necesita, con excepción de las vitaminas liposolubles A, D y E.

Vitaminas liposolubles

Las características de las vitaminas liposolubles son las siguientes:

- Son solubles en aceites y sus solventes
- Se acumulan en el hígado
- Se defecan a través de las heces

- Se encuentran asociadas a las grasas de la ingesta
- La absorción se realiza en los depósitos de lípidos

Vitamina A

Posee varias actividades importantes en el cuerpo como son: 1) la resistencia a contagios, 2) la síntesis de anticuerpos, 3) desarrollo de huesos, 4) fecundidad, 5) actividad en la retina del ojo 6) es requerida para el desarrollo y la diferencia de las células epiteliales como las del ojo, del aparato gastrointestinal y respiratorio, 7) se requiere en el crecimiento del hueso, 8) en la reproducción y el desarrollo embrionario 9) junto con ciertos carotenoides, incrementa el sistema inmunológico, 10) contribuye a reducir síntomas de ciertas enfermedades patológicas que pueden llegar a ser letales y 11) evita el envejecimiento prematuro.

Los síntomas de carencia (avitaminosis) son: 1) problemas de la visión nocturna, 2) una carencia prolongada produce varios cambios en el ojo, entre ellos la xeroftalmia. Caracterizada por sequedad en la conjuntiva (xerosis) y el epitelio normal del conducto lagrimal y de la mucosa es reemplazado por un epitelio queratinizado, eventualmente se produce una depósito de la queratina en placas pequeñas y al final se provoca una erosión de la superficie rugosa de la córnea, con ablandamiento y destrucción de la misma (queratomalacia), lo cual produce en una ceguera completa 3) incremento de la susceptibilidad a las infecciones bacterianas, parasitarias o virales, 4) hipoqueratosis, 5) queratosis pilaris y 6) metaplasia escamosa del epitelio que cubre vías urinarias y respiratorias hasta lograr a una superficie queratinizada, la epidermis se hace rugosa, seca, con escamas similar a las uñas y al cabello.

Vitamina D

Se le conoce además como vitamina antirraquítica debido a que su carencia produce raquitismo. La vitamina D es la responsable de modular la asimilación del Ca (Ca2+) hacia el tejido óseo. Juega un rol importante en el sostenimiento de órganos y sistemas a través de varias actividades, tales como: la modulación de los niveles de Ca y P sanguíneos, estimulando la asimilación en el intestino del Ca y P dietéticos y la reabsorción de Ca en riñones. Por tanto, participa a la creación y mineralización de huesos, siendo indispensable para el crecimiento del esqueleto. Además, disminuye las secreciones de la hormona paratiroidea (PTH) en la glándula paratiroides y perturba el sistema inmunológico por su papel inmunosupresor, impulso de fagocitosis y acción antitumoral.

La carencia puede provocar que se ingieran dietas no balanceadas, además a una inconveniente exhibición a los rayos ultravioleta; además puede pasar por desarreglos que reduzcan su asimilación, o casos en que reduzcan la transformación de Vitamina D a compuestos activos, tales como perturbaciones en riñón o hígado. Baja en la mineralización de huesos, provocando males en el tejido óseo, tales como raquitismo en niños y osteomalacia en adultos, puede llegar a asociarse con osteoporosis. Por último, está asociada al cáncer de colon y a la baja de la actividad cognitiva.

Vitamina E

Es también conocida como α-tocoferol que actúa como antioxidante; previene las reacciones de peroxidación de lípidos (enranciamiento). El enranciamiento de las grasas no saturados implica una sucesión complicada de acciones. Asimismo, provocan en las proteínas de membrana cambios que alteran gravemente su actividad. Los tocoferoles rompen la secuencia de actividades, que dan un H rápidamente sustraíble a los radicales oxigenados, paralizando así que sea obtenido de las grasas. Promueve el crecimiento del pelo. Participa en el sistema circulatorio. Y tiene propiedades en los ojos.

Hay tres aspectos puntuales para la carencia de vitamina E. Se ha visto en animales que no pueden ingerir alimentos altos en lípidos, se ha reportado terneros prematuros con un muy bajo peso corporal, y se ha observado casos con singulares desequilibrios en el metabolismo de los lípidos. La carencia en vitamina E se identifica por lo general por disturbios neurales causados a una mala transmisión de los impulsos nerviosos.

Vitamina K

Es también reconocida como vitamina antihemorrágica o fitomenadiona, es un compuesto químico básicamente requerido en las actividades de coagulación sanguínea. Además, interviene en la generación de glóbulos rojos. La vitamina menaquinona (K2) es sintetizada normalmente por una bacteria intestinal, y la carencia en la dieta es considerablemente rara, excepto que suceda un daño intestinal o que no sea asimilada. Como resultado de un defecto adquirido de deficiencia de vitamina K, los residuos Gla no se sintetizan o se sintetizan incompletamente y, por tanto, las proteínas Gla no son activas. Debido a la falta de control de las tres actividades previamente indicadas, se puede esperar que suceda: posible hemorragia interna masiva y descontrolada, calcificación del cartílago y profunda malformación del crecimiento de los huesos o deposición de sales de Ca no solubles en los vasos capilares.

Vitaminas hidrosolubles

Las características más importantes de las vitaminas hidrosolubles son las siguientes:

- Los excedentes se excretan vía urinaria
- Participan en actividades celulares como conjuntos prostéticos de coenzimas o precursoras de ellas
- Son solubles en agua
- Los síntomas de carencia son no muy claros
- Son asimiladas por difusión pasiva
- No se almacenan en órganos o tejidos

Vitamina C
La vitamina C, enantiómero L del ácido ascórbico o antiescorbútica, es un compuesto fundamental, en especial para los mamíferos. La presencia de esta vitamina es requerida para varias actividades metabólicas en todos los organismos y plantas es sintetizada internamente por casi todos los organismos, siendo los humanos la excepción. La vitamina C es un fuerte antioxidante, que participa en el estrés oxidativo; un substrato para la ascorbato-peroxidasa, así como un cofactor enzimático para la biosíntesis de importantes bioquímicos. La vitamina interviene como agente donador de electrones para ocho diferentes enzimas; tres enzimas actúan en la hidroxilación del colágeno. Estas actividades juntan grupos hidroxilos a los aminoácidos lisina o prolina en el colágeno, lo que permite que el colágeno tenga su arreglo de triple hélice. Por tanto, la vitamina C se transforma en un nutrimento indispensable

para el crecimiento y sostenimiento de células de curación, cartílago y vasos sanguíneos; dos enzimas son requeridas para la formación de carnitina. Ésta es necesaria para el traslado de ácidos grasos hacia la mitocondria para la generación de ATP; las tres enzimas finales tienen funciones en: participación en la biosíntesis de norepinefrina a partir de dopamina, a través de la enzima dopamina-beta-hidroxilasa; otra enzima adiciona grupos amida a hormonas peptídicas, aumentando mucho su permanencia; otra regula el funcionamiento de la tirosina.

La vitamina C sirve además para: 1) evitar el envejecimiento prematuro (protege el tejido conectivo, la epidermis), 2) facilita la asimilación de otras vitaminas y minerales, 3) actúa como antioxidante, 4) previene los males degenerativos tales como arteriosclerosis, cáncer, demencia, entre otros, 5) evita los males cardíacos, 6) juega un rol fundamental en la síntesis de colágeno, 7) previene escorbuto, polio y hepatitis, 8) disminuye la presencia de coágulos en el tejido circulatorio. 9) ayuda en las articulaciones y 10) acelera los mecanismos de cicatrización de lesiones, quemaduras y de heridas.

Su carencia provoca escorbuto en humanos, de ahí el nombre de ascórbico que se le da al ácido, y es considerablemente usada como complemento alimenticio para evitar la carencia.

Vitamina B1 (Tiamina)

Además, es reconocida como tiamina. Su absorción ocurre en el intestino delgado (yeyuno, íleon) como tiamina libre y como difosfato de tiamina, la cual es favorecida por la presencia de vitamina C y ácido fólico, pero inhibida por la presencia de etanol (alcohol etílico). Es necesaria en la dieta diaria de la mayor parte de los vertebrados y de algunos microorganismos. Su carencia en el organismo humano provoca enfermedades como el beriberi y el síndrome de Korsakoff. Químicamente, consta de dos estructuras cíclicas orgánicas interconectadas: un anillo pirimidina con un grupo amino y un anillo tiazol azufrado unido a la pirimidina por un puente metileno.

Las formas activas de la tiamina son dos: 1) difosfato de tiamina, su forma activa es el pirofosfato de tiamina o difosfato de tiamina, es producida por la enzima tiamina-pirofosfoquinasa, la cual requiere tiamina libre, magnesio y ATP y participa como coenzima en el metabolismo de los glúcidos, consintiendo metabolizar el piruvato o el alfa-cetoglutarato, en los mamíferos, como coenzima de la piruvato deshidrogenasa (enzima clave en el metabolismo energético de los glúcidos, tras la glucólisis) y la alfa-cetoglutarato deshidrogenasa (enzima del ciclo de Krebs), como coenzima del complejo deshidrogenasa de alfa-cetoácidos provenientes de los aminoácidos de cadena ramificada, como coenzima de las transcetolasas para la formación de cetosas, como coenzima de piruvato decarboxilasa (en levadura), en varias enzimas de bacterias adicionales, 2) trifosfato de tiamina, ha sido considerado una forma neuroactiva específica de la tiamina. Sin embargo, se demostró que existe en bacterias, hongos, plantas y animales, lo que sugiere que tiene un rol celular mucho más general. Se sintetiza a partir del pirofosfato de tiamina y de ATP a través de la enzima TDP-ATP fosforiltransferasa. Su actividad está relacionada a la actividad no coenzimática de la vitamina, y está asociada con la creación de compuestos que modulan el sistema nervioso central.

Los síntomas bien conocidos por la carencia fuerte de tiamina son: el Beriberi y el Síndrome de Wernicke-Korsakoff (Beriberi cerebral). Otras carencias no muy fuertes son: males de la conducta en el del sistema nervioso, irritabilidad, depresión, poca memoria y capacidad de concentración, fallo en la habilidad mental, latidos a nivel corazón, incremento cardiaco.

Vitamina B2 (Riboflavina)
Es el componente principal de los cofactores Flabin-Adenin-Dinucleótido (FAD) y Flabin-Mononucleótido (FMN) y por lo cual es necesaria por todas las flavoproteínas, además por una gran variedad de actividades celulares. Al igual que otras vitaminas del complejo B, tiene un rol importante en el metabolismo energético y se requiere en el metabolismo de grasas, glúcidos, aminoácidos y proteínas. Es necesaria para la integridad de la epidermis, las mucosas y particularmente para la córnea, por su actividad oxigenadora, siendo esencial para tener buena vista. Es crucial para la generación de energía en el organismo. Otra de sus actividades consiste en desintoxicar el cuerpo de compuestos tóxicos, así como participar en el metabolismo de otras vitaminas.

Las coenzimas FMN y FAD reciben pares de átomos de H, creando FMNH2 y FADH2. En estas formas pueden funcionar en reacciones de óxido-reducción de uno o dos electrones. El FMN y el FAD funcionan como grupos protésicos de varias enzimas flavoproteínas que aceleran reacciones de óxido-reducción en las células y participan como transportadores de H en los sistemas de transferencia electrones en las mitocondrias. El FMN y el FAD además son coenzimas de deshidrogenasas que ayudan en las reacciones iniciales de los ácidos grasos y de algunas substancias indeterminados del metabolismo de la glucosa. El FMN además es requerido para la transformación de la piridoxina (vitamina B6) en su forma activa, fosfato de piridoxal. El FAD además es requerido para la biosíntesis de la vitamina Niacina a partir del aminoácido Triptófano.

La carencia en animales de riboflavina provoca el retraso del desarrollo, fallos en el crecimiento y eventualmente el deceso. Otros síntomas se incluyen opacidad corneal, cataratas lenticulares, hemorragias adrenales, hígado graso y riñón, e inflamación de la mucosa del tracto digestivo.

Vitamina B3 (Niacina)
Actúa en el metabolismo celular formando parte de la coenzima NAD y NADP. Sus derivados, NADH y NAD+, y NADPH y NADP+, son esenciales en el metabolismo energético de la célula y en la reparación del ADN. Dentro de las funciones de la Niacina se incluyen la eliminación de químicos tóxicos del cuerpo y la participación en la producción de hormonas esteroideas sintetizadas por la glándula adrenal, como son las hormonas sexuales y las hormonas relacionadas con el estrés. Niacina es muy importante en rumiantes porque es requerida en hígado para la detoxification de la sangre portal, en el paso de amonio a Urea y metabolismo hepático de cetonas en cetosis. Existen tres fuentes primarias de niacina: en la dieta, transformación del triptófano y producción en el rumen.

Los rumiantes jóvenes son más susceptibles a carencias de niacina, y ésta o triptófano es requerido hasta que madura completamente el rumen. El síntoma inicial de su carencia, es la ausencia de apetito, reducción del desarrollo, extenuación muscular generalizada, desarreglos digestivos y diarrea. Se puede ver afectada la epidermis con dermatitis escamosa. Los síntomas normalmente conducen a una anemia-micro lítica.

Vitamina B4 (Colina)

Todas las grasas naturales contienen colina, pero hay poca información disponible sobre la cantidad de colina dietética. A diferencia de la mayoría de las vitaminas, colina puede ser sintetizada por casi todas las especies animales. Es esencial en: 1) la síntesis y sostenimiento de las paredes celulares celular y en la producción de acetilcolina, componente la transmisión de los impulsos nerviosos, 2) como donador del grupo metilo para la síntesis de adrenalina permitiendo la formación de metionina y creatina, 3) participa en la extracción de tóxicos del cuerpo, 4) producción de fosfolípidos (lecitinas) y cerebrócidos.

Los becerros alimentados con raciones con leche artificial que tiene 15% de caseína, mostraron signos de deficiencia de colina, en siete días los becerros mostraron mucho agotamiento, apnea y dificultad para sostenerse. La suplementación con 260 mg de colina/libra de sustituto de la leche eliminó los síntomas de carencia.

Vitamina B5, (Ácido Pantoténico)

Es requerido para constituir la coenzima A (CoA) y se cree que es esencial en el metabolismo y formación de glúcidos, grasas y proteínas. Debido su arreglo químico es una amida del ácido pantóico con beta-alanina. La coenzima A puede intervenir como un grupo porteador de acilos para crear acetil-CoA y otros compuestos relacionados; ésta es una forma de transportar átomos de carbono en el interior de las células. El traspaso de átomos de carbono por la CoA es relevante en la respiración tisular, así como en la biosíntesis de muchos compuestos importantes como acetil colina, colesterol y ácidos grasos.

La carencia de ácido pantoténico es extremadamente rara. Los síntomas de la carencia son similares a otras deficiencias de vitaminas del grupo B. De mayor a menor se incluyen cansancio, erupciones, vómitos y dolor estomacal. Se ha observado baja adrenal y encefalopatía del hígado.

Vitamina B6 (Piridoxina)

El fosfato de piridoxal, es la forma metabólicamente activa de la vitamina B6 que funciona como coenzima para varias enzimas, participa en el metabolismo de neurotransmisores que modulan el estado de ánimo, como la serotonina. Además, participa en la formación de GABA (ácido gamaaminobutírico), un neurotransmisor inhibitorio muy importante del cerebro, dopamina, adrenalina y norepinefrina. Es requerida para que el organismo sintetice correctamente glóbulos rojos y anticuerpos. Es muy relevante para una apropiada asimilación de la vitamina cianocobalamina y del Mg.

Previene los vómitos. Además, auxilia en caso de padecimientos de espasmos musculares nocturnos, calambres en las piernas y adormecimiento de las piernas. Participa en la síntesis de ARN y ADN. Conserva la funcionalidad del tejido nervioso ya que participa en la síntesis de mielina. Y ayuda a la asimilación de Fe.

La carencia en la dieta es prácticamente rara. En caso de haberla casi siempre se muestra por defectos neurales, que abarca una neuritis periférica, con dolor fuerte en las piernas y brazos.

Vitamina B8 (Biotina)

En los rumiantes es formada por los microbios ruminales, lo que aparenta ser suficiente para satisfacer los requerimientos metabólicos normales del rumiante. Es importante para la síntesis e integridad de la epidermis, cabello, pezuñas y almohadillas plantares en mamíferos y aves. La biotina está relacionada en las rutas metabólicas de la respiración celular, síntesis de ácidos grasos, aminoácidos y gluconeogénesis. Auxilia como grupo prostético de varias enzimas que aceleran la transferencia del CO_2 de unos sustratos a otros y en los rumiantes existen tres enzimas biotina-dependientes de gran importancia: propionil coenzima A carboxilasa, piruvato carboxilasa y acetil coenzima A carboxilasa. Elementales durante dos importantes sucesos de la síntesis del tejido corneo de la pezuña: síntesis de queratina y formación del tejido que actúan como ICS.

La biotina es transcendental para la actividad normal de la glándula tiroides del sistema nervioso, de las adrenales y del tracto reproductivo.

No obstante, el efecto de la deficiencia de biotina sobre la epidermis es el más acentuado, pues la presencia de dermatitis severa es el síntoma clínico más relevante y más indiscutible en el ganado.

Vitamina B9 (Ácido fólico)

Esta vitamina hidrosoluble, que pertenece al complejo B, es esencial en la producción de glóbulos rojos, la incrementación de las ganancias de peso en becerros, así como en la producción y calidad de la leche en vacas en lactación. Sus principales funciones son las siguientes: 1) ayuda al desarrollo normal del cuerpo, 2) conserva la habilidad reproductiva y reprime algunas perturbaciones sanguíneas, 3) promueve la madurez de los glóbulos rojos por usando un mecanismo parecido al de la cianocobalamina, en la síntesis del ADN, 4) interviene en forma de coenzima aceleradora en el traspaso de unidades de un carbono, 5) además, es usada en la señal de asimilación deficiente, asimismo, en el desarrollo de varias formas de anemia, 6) interviene en algunas coenzimas, con un rol en la reproducción y la partición celular, 7) actúa en la formación de los aminoácidos glicina y serina, y en degradación de casi todos los aminoácidos, 8) auxilia en la formación de nucleoproteínas, 9) es coenzima de unidades mono carbonadas en la transferencia de grupos formilo y metilo.

Su carencia provoca: 1) anemia y falla de desarrollo, 2) infertilidad, 3) destrucción de embriones, 4) disminución en la formación de huevos, 5) indicios similares a la perosis, 6) plumaje ineficiente, 7) falta de pigmentación de las plumas, 8) anemia de preñez, 9) reducción del desarrollo y 10) caída de pelo.

Vitamina B12 (cianocobalamina)

La cianocobalamina solo puede ser producida por bacterias en el rumen y para lo cual se usa un átomo de Co. Los rumiantes adultos pueden formar suficiente vitamina B12 cuando se tenga una provisión suficiente de Co. Por tanto, lo más relevante en la cianocobalamina, es la presencia de Co en su núcleo. Sus funciones son las siguientes: 1) participa en la transformación del metilmalonilcoenzima A a succinilcoenzima A, 2) en el metabolismo del propionato, 3) en la hematopoyesis y metabolismo de las proteínas, 4) participa en el metabolismo de la metionina y 5) actúa como conjunto prostético de la enzima-B123) y 6) esencial en el desarrollo corporal.

Su carencia produce los siguientes síntomas: 1) en animales jóvenes provoca hinchazones en la piel, 2) causa anemia macrocítica, 3) se manifiesta cabello erizado, 4) elevada mortandad de embriones y 5) ineficiente síntesis de propionato.

Vitaminas en el rumen

Una vez que se ha iniciado la fermentación en el rumen, el rumiante adulto no requiere en la dieta de ninguna de las vitaminas del complejo B o la vitamina K ya que los microbios ruminales fabrican todas estas vitaminas. Las vitaminas son libres cuando los microbios son degradados por el rumiante. El líquido ruminal, también tiene gran cantidad de bacterias ruminales que sintetizan mayor contenido de vitaminas que los protozoarios. La especie *Selenomonas ruminantium* es extremadamente hábil para producir cianocobalamina y los factores involucrados con la B12. Algunas especies de bacterias usan vitaminas del complejo B para su desarrollo. La Biotina es la vitamina más requerida por las cepas ruminales, otras requieren ácido p-amino benzóico y otros microbios, en menor cantidad, usan cianocobalamina, tiamina, folacina o riboflavina. Los rumiantes pueden padecer indirectamente carencias de vitaminas del complejo B, en dado caso que la producción de vitaminas no se lleve a cabo en el rumen. Por ejemplo, cuando los rumiantes consumen una ración carente de Co, falta de producción de cianocobalamina por lo que los microbios y el rumiante sufren una patología por carencia de la vitamina. El ácido ascórbico no es necesario por las bacterias y de hecho es destruido por las bacterias ruminales, esta vitamina es producida por el rumiante. Supuestamente los carotenos y vitamina A no son producidos a nivel ruminal, no obstante, hay algo de destrucción de estas moléculas cuando son administradas en la ración.

Por tales motivos, prácticamente la mayoría de las raciones o prados para rumiantes se pide que sean suplementadas básicamente con vitaminas liposolubles, como la D, E y A. Se supone que, los requerimientos de otras vitaminas son cubiertas por la asimilación de las sintetizadas por los microbios ruminales, como sería de la tiamina, riboflavina, Niacina, piridoxina, cianocobalamina, Biotina, Colina, Ácido fólico, Ácido pantoténico y la liposoluble K, o por las producidas en las células del rumiante, como por ejemplo el ácido ascórbico. No obstante, el Co es requerido para que se produzca la vitamina B12, por ser parte de su estructura química.

CAPÍTULO 10

Minerales en la nutrición de rumiantes

Introducción

Los minerales conforman solo de 4 a 6% del organismo de un rumiante, sin embargo, dadas las distintas actividades que realizan, resultan indispensables para numerosas actividades metabólicas que se llevan a cabo en el cuerpo. Los elementos ejercen sus actividades indispensables en distintos aspectos dentro del cuerpo del animal, y aun cuando existen discrepancias relevantes entre los diferentes elementos, hay una representación general para todos los minerales. El lugar donde los elementos despliegan sus actividades concretas es a nivel celular. Aquí pueden realizar actividades estructurales (síntesis del tejido óseo y otros tejidos de soporte) o actividades metabólicas (como parte de enzimas o coenzimas, transferencia de impulsos nerviosos, entre otros). El otro lugar importante donde se necesitan los elementos, específicamente P, Na, S, Cu y Co, es en el rumen. La flora y fauna ruminal, como todo ser vivo, requieren elementos para obtener un adecuado desarrollo, reproducción y llevar a cabo la hidrólisis de la ingesta.

Funciones de los minerales

Los elementos minerales tienen actividades muy relevantes, están involucrados activamente con la sanidad y la productividad de los rumiantes. Las actividades usuales de los minerales en el cuerpo son:

1) Constituyentes de la estructura de huesos y dientes (Ca, P y Mg).

2) Participan en el sistema inmunológico (Zn, Cu, Se, y Cr).
3) En la reproducción (P, Zn, Cu, Mn, Co, Se y I).
4) Actividades con los microbios del rumen (Mg, Fe, Zn, Cu y Mb, P, Co).
5) Balance ácido-base y ordenación de la presión osmótica (Na, Cl y K).
6. Sistemas enzimáticos y transferencia de compuestos (Zn, Cu, Fe y Se).
7) Hidrólisis de la celulosa, aprovechamiento de NNP y formación de vitaminas del complejo B (S).
8) Síntesis de vitamina B12 (Co).
9) Actividades del metabolismo energético y de reproducción tisular (P).
10) Como promotores de enzimas microbiales (Mg, Fe, Zn, Cu y Mb).
11) Actividades del metabolismo (Na, Cl y K).

Los requerimientos y cantidades máximas tolerables de minerales para los rumiantes se muestran en la Tabla 5.1. y se expresan como una demanda diaria y están influenciados por una serie de factores como el peso, edad, raza, nivel de producción, relación entre nutrientes de la dieta, ingesta voluntaria, medio ambiente, entre otros.

Tabla 5.1. Requerimientos y niveles máximos tolerables de minerales para los rumiantes

Mineral	Bovinos en engorda		Vacas lecheras		Ovinos	
	Requisito	Máximo	Requisito	Máximo	Requisito	Máximo
Calcio, %	2.0	---	2.0	---	---	2.0
Fósforo, %	---	1.0	---	1.0	--- 0.15	0.6
Magnesio, %	0.10	0.4	0.20	0.5	0.15	0.5
Sodio, %	0.08	4.0	0.18	1.6	0.65	3.6
Potasio, %	0.65	3.00	90	3.0	0.20	3.0
Azufre, %	0.10	0.40	0.2	0.4	50.0	0.4
Hierro, mg/kg	50.0	1000.0	50.0	1000.0	8.0	500.0
Cobre, mg/kg	8.0	115.0	10.0	100.0	0.10	25.0
Cobalto, mg/kg	0.10	10.0	0.10	10.0	40.0	10.0
Manganeso, mg/kg	40.0 30.0	1000.0	40.0	1000.0	30.0	1000.0
Zinc, mg/kg	0.20	500.0	40.0	500.0	0.10	500.0
Selenio, mg/kg	0.50	2.0	0.30	2.0	0.50	2.0
Yodo, mg/kg	---	50.00	60	50.0	0.50	50.0
Molibdeno, mg/kg	---	6.0	---	10.0	---	10.0
		20-100	---	20-100		60-50

Importancia de los Minerales para lo Microorganismos Ruminales

El contribución cuantitativa y cualitativa de minerales en la ración es indispensable para sostener la sanidad del rumiante y mejorar su productividad. Este es el rol en el que participan los minerales en el metabolismo ruminal, y por tanto, en el uso de la ingesta, permitiendo un uso más eficiente de los principales nutrientes como lípidos, glúcidos y proteína. Los rumiantes que no toman la ingesta con cantidades de minerales necesarias, sufren trastornes alimenticios, pudiendo mostrar enfermedades peligrosas y agudas, o trastornos leves y ocasionales, difíciles de interpretar con precisión y que se muestran afectando básicamente el desarrollo y las actividades reproductivas y productivas. Para que las bacterias del rumen sinteticen en de una manera adecuada los substancias finales, tales como proteína microbial y AGV se requiere que se garanticen sus necesidades nutritivas. Lo anterior se archiva con insumos de buena digestión y balanceados en proteína y energía, sin desatender una buena porción de minerales. Los minerales participan en los dos mecanismos metabólicos más relevantes descritos en el rumen, hidrólisis de glúcidos y la formación de proteína microbial. Por tanto, los minerales prácticamente no solo participan en el metabolismo animal, sino también en la ecología del rumen al beneficiar la digestión y uso de alimentos. Por tanto, hay que nutrir bien a la flora y fauna ruminal. Los compuestos minerales indispensables se clasifican normalmente en macro y micro (traza) minerales.

Los minerales en el fluido del rumen no solo son usados como compuestos estructurales de varios compuestos de interés biológico, sino, además, intervienen en sostener los ambientes adecuados como son el pH y la presión osmótica requerida para suministrar un caldo de cultivo para los microbios. Los elementos que participan en los procesos fermentativos del rumiante son: S, K, P, Mg, Fe, Zn, Mo, Co, Na, Cl, Ca. en la. En la Tabla 5.1 se muestran las acciones donde participan los elementos, vinculados a los microbios del rumen.

Tabla 5.1. Actividades de los minerales asociados a los microbios del rumen

Elementos	Actividad
P	Reproducción celular y actividades energéticas
Mg, Fe, Zn, Cu y Mb	Son activadores de enzimas microbiales
Co	Síntesis de la vitamina cianocobalamina (B12)
S	Hidrólisis de la celulosa, aprovechamiento del NNP y elaboración de vitaminas del complejo B y amino ácidos
Na, Cl y K	Actividades metabólicas, regulación de la presión osmótica y pH

Macrominerales

Los Macrominerales requeridos por el rumiante son Ca, P, Mg, Na, Cl, K y S.

Calcio

Es el elementoás cuantioso en el organismo, cerca del 98% interviene como parte de dientes y huesos. El Ca contenido en los forrajes varía entre especies, partes del vegetal (hojas/tallos), etapa fenológica de la planta o estado de madurez, contenido del mineral en el medio ambiente y el suelo. Los forrajes normalmente representan un buen recurso de Ca para el rumiante.

El Ca tiene varias funciones en el organismo del rumiante como son: 1) forma parte del ejido óseo y cartílago, 2) interviene para la formación de coágulos en la sangre, al estimular la salida de la tromboplastina en la sangre, 3) es un acelerador de varias enzimas importantes, como la succinil deshidrogenasa, fosfatasa ácida, lipasa pancreática, colinesterasa, ATPasa, 4) dado su rol como acelerador enzimático, el Ca participa en la promoción del latido cardíaco normal y en el tono muscular y uniformiza la transferencia de los impulsos nerviosos entre células, a través del control en la síntesis de acetilcolina, 5) junto con los fosfolípidos, participa en la uniformidad de la permeabilidad de las membranas de las células y por tanto en la captación de nutrimentos por célula y 6) es relevante para la asimilación de la vitamina B12 en el TG.

Los síntomas de deficiencia son: en el tejido óseo se manifiesta por la disminución o discapacidad de la deposición de minerales en los huesos. Los tres padecimientos asociados a esta carencia son: 1) raquitismo que se manifiesta en rumiantes jóvenes y es un problema de crecimiento en el que no solo es relevante la carencia en Ca sino además la de la vitamina D. Se identifica por deformación y engrosamiento de los huesos, estos están fláccidos, lo que provoca fracturas, paso envarado y cojeras, 2) osteomalacia que se manifiesta en adultos con sintomatologías similares al raquitismo, asociados a un gran movimiento de minerales en el tejido óseo por causa a la falta de Ca y Vitamina D, básicamente, 3) osteoporosis es otra perturbación causada por la carencia de Ca que se manifiesta en adultos, en este caso la cantidad ce Ca del hueso es normal; sin embargo, la masa absoluta del mineral es más baja. La resorción del tejido óseo es mayor a la síntesis, 4) fiebre de leche es una enfermedad metabólica que hace que la vaca tenga insuficiente movilización de Ca dentro de las 24 horas antes al parto y 72 horas después del parto. Es una de las patologías metabólicas más ocurrentes en vacas lecheras propiciando mermas económicas muy relevantes y 5) hipocalcemia subclínica se manifiesta cuando el Ca plasmático es menor a 2.0 mmol/L. Es también importante pues provoca disminución en la síntesis láctea y reducción en la motilidad del TG y del rumen. Además, el incremento de Ca sanguíneo produce que pase a las células de los tejidos blandos y que en el aparato excretor se generen cálculos.

Fosforo
El P es un elemento abundante en el rumiante. Arriba del 80% se localiza en el tejido óseo. Las substancias fosfatadas se localizan abundantemente en los alimentos. El consumo diario parece sobrepasar a los requerimientos. El P se localiza comúnmente unido a glúcidos, proteínas y lípidos y actúa en amplio número de reacciones metabólicas por lo que su carencia perturba a todos los tejidos. Las principales actividades metabólicas del P se resumen como sigue: 1) es parte importante del tejido óseo y cartílago, 2) forma parte de varias enzimas claves, fosfolípidos, fosfoproteínas, ácidos nucleicos, ATP, fosfato de creatina y hexosa fosfatos, 3) interviene en la funcionalidad de los microbios ruminales, sobre todo los celulolíticos, en la síntesis de proteínas y el uso energético de la ingesta, 4) tiene un rol central en el metabolismo energético y celular, 5) como parte de los fosfatos inorgánicos, que intervienen como tampones en el balance ácido-base (pH) de los líquidos del organismo.

La proporción en la dieta de Ca:P entre 1:1 y 2:1 es la adecuada para el desarrollo y la síntesis ósea, ya que ésta es cercana a la relación de los dos elementos en el tejido óseo. Los rumiantes son más sensibles a la carencia de P porque este mineral se traslada con mayores problemas. Los síntomas de carencia que se dan son: 1) anorexia, 2) agotamiento generalizado, 3) reducción de peso, 4) adelgazamiento paulatino, rigidez, 5) disminución en la síntesis láctea, 6) es muy típico la pica mostrada por la ingesta de compuestos extraños como residuos óseos, madera y piedras, en un intento de mitigar la carencia.

La demasía de P causa un hiperparatiroidismo secundario provocado por una crisis en cadena del metabolismo de ambos elementos. El incremento de la relación P/Ca hace que se disminuya el ingreso de Ca, por tanto la hormona paratiroidea mueve el Ca del tejido óseo causando su disminución mineral. El tejido óseo sin minerales se cambia por células conjuntivas.

Magnesio

Está muy asociado con el P y Ca, ya sea en las actividades como en la repartición corporal. La mayor parte se localiza en los tejidos óseo y muscular. La tetania hipomagnesémica de los pastos, que ocurre debido por una disminución de Mg en sangre y en líquido cerebroespinal, se da usualmente en rumiantes lactando que están pastoreando praderas abundantes, praderas de primavera con alto contenido de K, bajas cantidades de Mg y Ca. Sucede por la carencia en forma de tetania la cual se incrementa en praderas fertilizadas con K y N.

Las vitales actividades metabólicas del Mg son las siguientes: 1) es un compuesto esencial del tejido óseo y cartílago, 2) es un acelerador de varios procedimientos enzimáticos importantes, incluyendo la enzima que activa la transferencia del fosfato terminal del ATP al azúcar, reacciones de transfosforilación, ATP asas musculares y las enzimas fosfatasa alcalina, enolasa, coliesterasa, desoxirribonucleasa, glutaminasa, dehidrogenasa isocítrica y arginasa, 3) debido a su rol en el que participa en la activación enzimática, el Mg así como el Ca, exita el músculo y las contracciones, está involucrada en la ordenación del balance ácido-base intracelular y participa en el metabolismo de lípidos, proteínas y glúcidos. La carencia de Mg en terneros se da como calcificación de tejidos blandos, anorexia, hiperemia, excitabilidad, convulsiones, salivación y espuma en la boca.

Potasio, Sodio y Cloro
Se describen en conjunto debido a que tienen actividades similares y simultáneas.

El K, Cl y Na se localizan en casi todos los líquidos y tejidos blandos del organismo. El Cl y Na se encuentran básicamente en los líquidos extra celulares, en tanto al K se localiza mayormente en los líquidos intra celulares. Tienen una actividad relevante en el control de la presión osmótica y en el balance ácido-base. Además, participan en el metabolismo del agua. El Na es el principal ion monovalente de los líquidos extracelulares los iones de Na conforman el 93% del total de las bases localizadas en sangre. Aun cuando la más importante función del Na en los rumiantes está relacionado con la ordenación de la presión osmótica y en el balance ácido-base, Además influye como un efecto en el proceso de excitabilidad de los músculos y participa en la asimilación de los glúcidos.

El K es el principal catión de los líquidos del interior de las células, y normaliza la presión osmótica en el interior de las células y el equilibrio ácido-base. Al igual que el Na, el K tiene una acción estimulante en la excitabilidad de los músculos. Asimismo, es necesitado para la formación de proteínas y glicógeno, además en la hidrólisis de la glucosa.

El Cl es el principal anión monovalente en los líquidos del exterior de las células, los iones cloro, constituyen aproximadamente el 65% del total de aniones en la sangre y otros líquidos extracelulares dentro del organismo, como el jugo gástrico. Por tanto, el Cl es indispensable para el equilibrio de la presión osmótica y el equilibrio ácido-base. El Cl también participa en la transferencia de O_2 y CO_2 en sangre, así como la regulación del pH del líquido estomacal.

La carencia de K produce: 1) desarrollo corporal bajo, 2) disminución en la ingesta de agua y nutrimentos, 3) extenuación muscular, 4) desequilibrios neurales, 5) agotamiento general del rumiante, 6) diarreas, acidosis y vómitos, 7) la hiperpotasemia se da con síntomas debilidad muscular alteraciones electrocardiográficas y arritmias cardíacas.

La carencia de Na se manifiesta como: 1) apetito insaciable por sal, 2) ingesta de suelo, 3) disminución en la retención de fluidos en la canal, 4) en demasía afecta la presión arterial, corazón y riñones. El Cl: Hay muy poca probabilidad de carencia en un rumiante sano.

Azufre

Forma parte de las moléculas de varios aminoácidos: cisteína, metionina y cistina, de las vitaminas biotina y tiamina, además como componente de substancias orgánicas como la insulina, el glutatión, la coenzima A y la condroitina, de sulfatos, mucopolisacáridos sulfatados, asimismo participa es algunas reacciones de detoxification. Las bacterias ruminales son capaces de crear todos los componentes azufrados orgánicos requeridos a partir del S inorgánico. El S además es requerido por las bacterias ruminales para su crecimiento y metabolismo. Las necesidades de S en la dieta pueden ser altas en raciones que tengan alta cantidad de proteína que sobrepasa el rumen, por tanto, el S es limitante para una óptima fermentación en el rumen. La carencia de S provoca: que la síntesis de proteína baje por reducción de la actividad ruminal, baja digestibilidad, disminución de la tasa de crecimiento y baja ingesta.

Microminerales

Cobre

En casi todos los animales las cantidades más abundantes de Cu se localizan en EL corazón, cerebro, riñones, hígado, la porción pigmentada del ojo, pelo y lana. El tejido óseo, bazo, los músculos, páncreas y la piel tiene cantidades intermedias; el timo, pituitaria, tiroides y próstata y tienen cantidades menores. Las cantidades de Cu en los células varían mucho entre las especies animales y dentro de las mismas especies. Los rumiantes jóvenes tienen mayor cantidad de Cu en sus células que los adultos.

Las principales funciones biológicas del cobre se pueden resumir en: 1) como parte indispensable de las enzimas lisil oxidasa, citocromo oxidasa, tirosinasa, superóxido dismutasa, uricasa, amino oxidasa y ceruloplasmina involucradas en los procesos de oxidación-reducción. 2) como parte de la enzima ferroxidasa, el Cu está íntimamente relacionado en el metabolismo del Fe y por tanto en la creación y sostenimiento de los glóbulos rojos sanguíneos, 3) se cree que el Cu es además necesario para la síntesis del pigmento melanina y por tanto, interviene en la pigmentación de la epidermis, así como para la creación de los tejidos óseo y conectivo y para el sostenimiento de la composición de la vainas de mielina de las fibras neurales.

La carencia de Cu puede provocar: 1) alopecia (desarrollo anormal del cabello), 2) deficiencia pigmentaria, 3) perturbaciones en la creación de hemoglobina (anemia) y 4) contusiones neurales y huesos deformes.

Hierro
El Fe es esencial para el traslado de oxígeno y electrones en el organismo. Las principales funciones del hierro son: 1) forma parte (más del 90%) de la hemoglobina y la mioglobina 2) es integrante importante de varios sistemas enzimáticos, incluyendo la succinil dehidrogenasa, citocromos, catalasas, peroxidasa, xantina y aldehído oxidasa, 3) es parte de los pigmentos respiratorios y las enzimas involucradas en la oxidación del tejido, 4) en las hembras la necesidad de hierro es mayor que en los machos, 5) el Fe transporta CO_2 y 6) es un pigmentante de huevos y plumas.

La carencia de Fe en el rumiante provoca: 1) disminución del desarrollo, 2) anemia, 3) baja firmeza a los padecimientos y 4) cansancio, 5) la carencia puede provocar la enfermedad ternera blanca representada por el progreso de una anemia microcítica hipocrómica causada por la baja permeabilidad del Fe en la placenta.

Manganeso
Las primordiales actividades del Mn son: 1) actúa en el organismo como un activador enzimático para aquellas enzimas fosfato transferasas y fosfato deshidrogenasas, específicamente aquellas relacionadas en el ciclo de Krebs, circunscribiendo a la hexoquinasa, fosfatasa alcalina y arginasa, 2) integrante importante de la enzima piruvato carboxilasa, 3) se requiere para la formación de huesos, creación de mucopolisácaridos,

metabolismo de glúcidos, reproducción de células de la sangre, y el período de reproducción.

La carencia de Mn produce: 1) ovulación incorrecta, 2) malformación de los testículos, 3) Desarrollo óseo anormal, piernas arqueadas o deformes, 4) Anomalías en fertilidad, no aparece el celo, abortos, 5) en aves provoca perosis (acumulación anormal de los minerales relacionados con las excretas), cabeza retraída, huevos con cascara frágil, se agrava por alto consumo de calcio y fósforo, engrosamiento de articulaciones, 6) en cerdos, ataxia (desequilibrio), 7) desarrollo lento y 8) deterioro del sentido.

Zinc

Las actividades del zinc son las siguientes: 1) es parte importante de más de 80 metaloenzimas, incluyendo anhidrasa carbónica usada en la excreción de HCl en el estómago y para la transferencia del CO_2 sanguíneo, dehidrogenasa glutámica, piridina nucleótido dehidrogenasa, triptófano desmolasa, fosfatasa alcalina, alcohol dehidrogenasa, superóxido dismutasa y carboxipeptidasa pancreático, 2) auxilia como cofactor en muchos sistemas enzimáticos, incluyendo decarboxilasa oxaloacética, , varias peptidasas, arginasa y enolasa, 3) desempeña una actividad importante en el metabolismo de proteínas. lípidos y glúcidos, por ser una parte importante en la formación y metabolismo de proteínas y ácidos nucleicos, 4) se argumenta que el Zn influye positivamente en el sanado de heridas.

La carencia de Zn puede provocar: 1) lesiones en la piel, 2) retardo del desarrollo testicular, 3) paro de la síntesis de espermas, 4) anormalidad ósea en cerdos, 5) paraqueratosis (resequedad o descamación de piel), 6) desarrollo o conversión alimenticia baja, 7) enanismo, 8) hipogonadismo y 9) blanqueamiento del pelo, ya que su metabolismo es inadecuado y 10) baja transformación alimenticia.

Cobalto

En los rumiantes la producción se lleva a cabo en el rumen y la absorción en el intestino delgado. En los no rumiantes la producción se realiza en el intestino grueso y la absorción en el ciego rápidamente deja del cuerpo bajando el beneficio a excepción de animales coprófagos como el conejo y los cerdos que consumen sus heces. Las actividades más importantes del Co son: 1) como parte integral de la vitamina B12 (cianocobalamina) y por tanto, el Co es indispensable para la síntesis de las células de la sangre y para el sostenimiento de las células nerviosas, 2) puede participar como agente acelerador para algunos sistemas enzimáticos. La carencia de Co puede provocar: 1) reducción de la producción de vitamina B12, 2) reducción de la fertilidad, 3) anemia, 4) reducción de la síntesis láctea y lana, 5) escorbuto (deficiencia de vitamina C) y 6) disminución del hambre.

Yodo

El I es parte importante de las hormonas de la glándula tiroidea: tiroxina y tri-yodo-tiroxina, siendo indispensable para regulación de los procesos metabólicos en el organismo. La carencia de Y produce: 1) reducción del desarrollo corporal, 2) alargamiento de la glándula tiroides (bocio) y 3) alteración de la síntesis de los huesos (porosis) y de la reproducción, 3) cretinismo, como consecuencia de la deficiencia de I en la madre, retraso mental y lengua grande, 4) mixedema, 5) obesidad, 6) almacenamiento de agua y sal y 7) dificultades reproductivas, baja fertilidad, baja producción láctea y aborto.

Selenio

El Se es una parte importante de la enzima glutatión peroxidasa y por tanto, junto con la vitamina E actúa en la protección de la formación de peróxidos en las membranas de las células. Además, se ha mencionado que el Se actúa en la síntesis de ubiquinona, la coenzima Q, relacionada en la transferencia electrónica al interior de las células; además, actúa la asimilación y conservación de la vitamina E. Auxilia a la producción de lipasas pancreáticas. Se deposita en el hígado, glóbulos rojos y se absorbe en el duodeno. Evita la mastitis, metritis y la retención de placenta. Su carencia puede causar: 1) alteraciones en el metabolismo de los músculos y 2) distrofia muscular.

Cromo

El Cr es parte importante del factor de tolerancia de glucosa (GTF), además participa como cofactor para la hormona insulina. Asimismo, debido a su rol que juega en el metabolismo de glúcidos (síntesis de glicógeno y tolerancia a la glucosa), se cree que el Cr, además, juega un papel importante en el metabolismo de aminoácidos y del colesterol.

Molibdeno

Es un constituyente de las enzimas aldehído oxidasa, sulfito oxidasa y xantina oxidasa. Participa en el metabolismo de Fe y oxidación celular, actúa en el desarrollo del organismo. La interrelación Mo, Cu y S se da: cuando hay niveles altos de Mo la absorción de Cu disminuye. Si el Mo se encuentra mayor a 7 mg/kg se afecta la absorción de Cu. Si el Mo disminuye a menos de 2 mg/kg provoca toxicidad debido a la acumulación de Cu en el cuerpo. Su carencia provoca pelo dañado, pérdida de peso y diarreas.

CAPÍTULO 11

El agua en la nutrición de rumiantes

Introducción

El agua es un constituyente muy importante en cuerpo de los animales. Se usa para la regulación de la temperatura del organismo, para el desarrollo del cuerpo, reproducción, lubricación de las articulaciones, metabolismo, acarreo de nutrientes y de desperdicios en el cuerpo, hidrólisis de nutrientes, lactancia, digestión, excreción, y muchas otras actividades. Sin embargo, existen varios aspectos que afectan la cantidad de agua corporal como son el tipo de ración, edad y especie animal. El agua es un componente de la alimentación de los rumiantes, y después del O2, es el substancia más relevante y esencial para la vida de los organismos. El agua químicamente pura es la mezcla del H con el O2. Además, en estado natural, es inodora, incolora y clara.

Importancia del agua para los rumiantes

Representa el mayor peso del rumiante. La carencia de agua puede provocar la muerte inmediatamente, más que la carencia de algún otra substancia. En su estado sólido a líquido, representa alrededor del 70% de la tierra. El 69% del agua total en el mundo es utilizada para actividades agropecuarias, el 23% para la actividad industrial y el 8% para los requerimientos hogareños. Los rumiantes usan el agua para su alimentación y desarrollo, y la consiguen de tres orígenes: en los alimentos, la que se sintetiza en las actividades metabólicas de los mismos, y el agua de bebederos.

Físicamente, el agua interviene en el rumiante como un moderador entre la temperatura corporal y el ambiente. Nutricionalmente, se conduce como un diluyente mundial. El agua promueve el reblandecimiento y fermentación de los alimentos, promoviendo su ingestión y la evacuación vía fecal y urinaria. Si contiene una cantidad suficiente de sales, el agua, puede realizar un adecuado aporte a la ingesta de minerales por parte del rumiante, sumando cantidades en vacunos alrededor del 20% para el Ca; 11% para el Mg; 35% para el Na y 28% para el S.

Fuentes de agua

Hay tres fuentes básicas de agua para los rumiantes: 1) agua de bebida, 2) agua metabólica y 2) agua de los alimentos. El agua metabólica es sintetizada por actividades metabólicas en los células, principalmente por la oxidación de los alimentos. Las proteínas, glúcidos y lípidos sintetizan contenidos variables de agua. El producto de la oxidación de un gramo de glúcido sintetiza 0.6 g de agua, por cada gramo de lípido se sintetizan 1.1 g de agua, y cada gramo de proteína se producen 0.4 g. Para la mayor parte de los rumiantes el agua metabólica ocupa solamente de un 5 a un 10% del total de agua consumida. En algunas circunstancias el agua metabólica es el único recurso de agua para el rumiante. En tales condiciones, y además en rumiantes ingiriendo menos alimento que el necesitado, la síntesis de agua metabólica viene a formar la más importante fuente de agua, debido a que los almacenes de lípidos y proteínas de las células son degradados para proporcionar energía. Este es el mecanismo que usan los dromedarios y camellos para hacerse de agua y subsistir prolongados períodos de tiempo sin consumir agua.

El ensilado y el forraje verde contienen alrededor de 70 a 90% de agua y representan un aporte importante para las necesidades de agua del rumiante. Los alimentos deshidratados como los concentrados y el heno contienen entre 7% y 15% de agua.

Funciones del agua

Algunas de las actividades biológicas del agua estriban de la capacidad del agua interviniendo como solvente para una gran cantidad de substancias. El agua forma parte en la digestibilidad (hidrólisis de glúcidos, lípidos y proteínas), en la asimilación de nutrimentos digeridos, transferencia se substancias en el organismo, y en la salida de substancias de desperdicios y otras actividades más como ya lo mencionamos al principio. Muchas actividades metabólicas se dan lugar en las células involucrando la salida o la entrada de agua.

La normalización de la temperatura del cuerpo depende en parte de la alta actividad conductiva del agua para dispersar el calor eventualmente dentro del organismo y eventualmente liberar por evaporación la demasía de agua producido por las reacciones del metabolismo celular. Los cambios bruscos en la temperatura del cuerpo son alertados por el alto calor especifico del agua, por ejemplo, por su elevado calor latente de evaporación, junto con el elevado contenido de agua del cuerpo.

Pérdidas de agua

El agua se pierde del organismo en forma constante: 1) a través del aire respirado, 2) a través de la evaporación de la epidermis y 3) habitualmente por salida en heces y orina. El agua eliminada vía orina participa como un solvente para las substancias excretadas que son eliminadas vía renal. La orina tiene mayormente substancias de la degradación de las proteínas (ácido úrico en aves y urea en mamíferos) y minerales. La ingestión de proteínas por las aves involucra una necesidad de agua más baja que el consumo de proteína por mamíferos por dos causas: 1) la degradación de las proteínas a ácido úrico da más agua metabólica que su metabolismo terminal a urea y 2) el ácido úrico, substancia terminal de la degradación de las proteínas en las aves, es expulsado o excretado en forma semisólida en las excretas de los pájaros.

La salida en las heces de agua es ampliamente más elevada en el rumiante que en otras especies animales, pudiendo ser parecido a la salida en orina. Los bovinos que ingieren raciones altas en fibra, deponen heces con un 68 a 80% de agua. Las deyecciones de ovinos, con forma de pellet, tienen de 50 a 60% de agua. Las salidas de agua en las deyecciones de rumiantes son bajas si se les compara con el gran contenido de agua excretada al interior del tracto gastrointestinal vía saliva y los jugos gástricos. Esto puede explicarse por la razón de que una gran cantidad de agua excretada dentro del tracto gastrointestinal es reabsorbida. En las diarreas se expulsa mucha agua y minerales vía fecal.

Requerimientos de agua

Se sabe que los rumiantes son más susceptibles a la falta de agua que de alimento. La primera señal de efecto de la carencia baja de agua es una baja ingestión de alimento. Producto de una carencia más drástica de la ingestión de agua, la merma de peso es rápida conforme el organismo va perdiendo agua. La pérdida de agua involucra salida de agua y minerales, como es el caso en vómitos severos y diarreas. La pérdida de agua junto con la carencia del 10% del contenido de agua en el organismo, es estimada como grave y un 20% de carencia resulta mortal, en tanto, los rumiantes tienen la capacidad de vivir incluso más allá de una carencia de 40% del peso corporal debido al hambre.

Las necesidades de agua son afectadas por el alimento y aspectos del medio ambiente. La ingesta de agua está asociada a una gran cantidad de aspectos tales como la ingesta de materia seca, una gran cantidad de materia indigerida se excreta vía fecal y por lo que se va a expulsar una gran proporción de agua vía fecal. Las necesidades de agua aumentan conforme aumenta la materia tosca dietética. La ingesta de agua del bovino adulto es de 3 a 5 kg/kg de materia seca ingerida; La ingesta de agua de los becerros es mucho más mayor, variando de 6 a 7 kg/kg de materia seca ingerida. El ganado lechero necesita contenidos mayores de agua con el propósito de tener cantidades suficientes para la excreción de grandes volúmenes de agua vía leche; alrededor de 4 a 5 kg de agua son necesarios por cada kg de leche sintetizada.

Cuando en la ración se incluyen sales minerales, específicamente sal común (NaCl), y en dietas elevadas en proteínas se provoca un aumento de la excreción urinaria y como resultado se aumenta la ingestión de agua. El agua conteniendo de un 1.3 a 1.5% de sales totales disueltas es aceptada por los bovinos; el agua con elevadas cargas de sales produce daños básicamente a su efecto osmótico más que a la acción tóxica especifica de las sales minerales. La ingesta de agua se incrementa con el aumento de la temperatura del aire para compensar el aumento respiratorio y la carencia por sudoración, en tanto la ingestión de alimento baja. Esto muestra en muchos lugares de clima tropical, húmedos y cálidos.

La ingesta de agua en ambientes fríos es baja y es alta en ambientes cálidos. La ingesta de agua también se ve afectada por el peso corporal: sin embargo, el peso corporal y la ingesta de agua no están relacionado linealmente. Pruebas de ingesta de agua recomiendan que la sed es producto de requerimientos y que el rumiante ingiere agua para cubrir sus requerimientos. Los requerimientos de agua es el producto de un aumento en la contenido de minerales en los líquidos del cuerpo, los cuales motivan la acción de la sed.

CAPÍTULO 12

Consumo voluntario
de los rumiantes

Introducción

Un aspecto que afecta decisivamente en la producción animal y que por lo general no se toma en cuenta por ganaderos y técnicos, es el consumo voluntario de alimento. El cual se define como la cantidad de materia seca ingerida por día cuando a los rumiantes se les proporciona alimento en demasía. El contenido de materia seca ingerida es el componente más relevante que uniforma la productividad de los animales. El medio ambiente de cada región en particular concede al medio y al suelo una gran capacidad de productividad de forraje que puede ser utilizado para la ingesta de un rumiante. Es posible que en ciertas regiones pueda producirse más materia seca por unidad de superficie, con bajo esfuerzo y a menor valor económico que en alguna otra parte de la tierra. Hay un gran número de aspectos que interfieran para que se dé una dada ingesta voluntaria de alimento por parte de un rumiante en producción a través de varios períodos productivos, de entre los cuales, se dan algunos aspectos afines al rumiante y aquellos asociados al alimento, además, con condiciones de interacciones, ya sea negativa o positiva.

Generalidades

El rumiante tiene dos mecanismos de alimentación bien definidos: 1) la ingestión y 2) la ruminación. La amplificación y la ordenación de esas etapas está dada por componentes del medio ambiente como son la radiación solar, fotoperiodo, temperatura ambiente, presencia de vientos y clima. Los rumiantes ocupan cerca del 50% de su vida rumiando. Esta acción es de crucial relevancia dado que la eficacia en la ruminación influye directamente en la cantidad ingerida; cuando las partículas del alimento son degradadas velozmente se dará una más elevada velocidad de paso y, por tanto, más disponibilidad en el rumen para ingerir más alimento. El período que el rumiante usa para masticar, está influenciado por la etapa fisiológica, el peso corporal y las características del alimento. Se piensa que rumiantes de más elevado tamaño requieren ruminal menor cantidad de alimento debido a su más elevada capacidad de las mandíbulas. En general, los alimentos más fibrosos (fibra detergente neutro) usan un más elevado número de masticaciones, lo que se influye en un aumento en las etapas de ruminación. Los elementos más importantes que influyen o modulan la ingestión voluntaria de alimento son dos: 1) factores intrínsecos o relacionados con el rumiante y 2) factores extrínsecos o no relacionados con el rumiante.

Relaciones entre el sistema digestivo y el SNC

La presencia de la ingesta en el tracto gastrointestinal incita a una gran variedad de receptores como los químicos, de temperatura y mecánicos y, estos datos son enviados al SNC (sistema nervioso central). La ingestión de alimentos por el rumiante está gobernada por acciones fisiológicas que conducen al rumiante a empezar y a terminar lo ingerido en un instante determinado; es un mecanismo multifactorial moderado por el hipotálamo y esta ingesta debe estar relacionada a los requerimientos y necesidades de la etapa fisiológica en que el rumiante se halla (lactación, gestación, movilización, crecimiento, entre otros).

El primer resultado del consumo es físico que corresponde a la distensión del rumen y es continuado por los residuos de la digestión (químico) los cuales son revelados por receptores colocados en el intestino delgado, hígado, rumen y cerebro y se aumenta ágilmente la síntesis de calor. En la ingestión, el tracto gastrointestinal produce una amplia gama de proteínas como causa del aspecto digestivo, los cuales ejercen como hormonas o signos específicos, para expedir datos al SNC, provocando el efecto de satisfacción.

Los reflejos nerviosos modulan las contracciones musculares en el abomaso y rumen para certificar un traspaso continuo de lo digerido ruminalmente hacia al intestino delgado. Los neuropéptidos transmiten signos eléctricos de los receptores de las células; y los signos en total son recibidos e integrados por SNC. La ingesta de alimentos es un relevante aspecto en la modulación del equilibrio energético y los péptidos están relacionds en la interfase entre el modulador del equilibrio energético y el control de la ingesta.

La leptina es una hormona secretada por las células adiposas, tiene un resultado anoréxico, que produce una disminución del tamaño de lo ingerido, e incrementa la respuesta de satisfacción. La leptina tiene un rol a largo plazo en la modulación de la satisfacción. Se ha afirmado que la insulina estimula la ingesta debido a que disminuye la cantidad de glucosa. No obstante, otros autores mencionan que la hipoglucemia sola no está necesariamente relacionada con la motivación de la ingesta del alimento. La hormona oxitocina pueden influenciar la motilidad gastrointestinal y de esta manera, indirectamente, la ingesta.

En rumiantes, bajas cantidades de estrógenos, tales como se utilizan en los reguladores del desarrollo, promuevan la ingesta levemente; cantidades elevadas lo disminuyen. Ni la hormona del crecimiento (HC), ni la insulina parecen afectar directamente sobre el control del hambre-saciedad. Generalmente, la HC influye en el anabolismo de las proteínas, el catabolismo de los lípidos, y auxilia a mantener las cantidades uniformes de insulina.

Los ácidos grasos volátiles (AGV) influyen la ingesta y cuando se logran elevadas cantidades en el líquido ruminal se inhabilita la motilidad del rumen-retículo. El acetato y el propionato influyen el pH y la presión osmótica y éstos influyen la motilidad ruminal. La velocidad de eliminación del acetato es un aspecto integrante principal que permite finalmente la expresión de la ingesta de alimento debido a que generalmente, los aspectos del medio ambiente y fisiológicos que aumentan la ingesta, incrementan la velocidad de metabolismo del ácido acético (por ejemplo: la lactancia o el frío). Sin embargo, los aspectos que en general disminuyen la ingesta están relacionados ya sea con el aumento en el recurso del ácido acético en relación con otros nutrientes (por ejemplo: raciones bajas en N) o en una baja en el uso del ácido acético en relación a otros nutrientes (por ejemplo: estrés calórico). El propionato tiene un rol en el control de la ingesta de alimentos y participa como un indicador de la velocidad de asimilación de todos los AGV. Los receptores para el propionato se localizan en las paredes de los vasos sanguíneos y en el hígado.

Se ha sugerido que hay cuatro signos para la terminación de la ingesta: 1) contenido del ácido acético en el rumen, 2) contenido de ácido láctico en el duodeno, 3) grado del ácido propiónico en hígado y 4) alargamiento de la pared ruminal. Además, hay quimiorreceptores y mecanorreceptores duodenales, específicamente sensitivos al lactato y provocan una disminución de la ingesta de concentrado en borregos.

Factores del rumiante

La edad, estado corporal, peso vivo y etapa fisiológica del rumiante, interactúan con los aspectos externos (cantidad y calidad del alimento, accesibilidad, las condiciones climáticas, entre otros) y establecen la ingesta de alimento. Rumiantes jóvenes y aquellos que se encuentran bajo estrés fisiológico, por lo general tienen una más elevada ingesta por kilogramo de peso vivo que los ruminales adultos. Aun cuando el rumiante está bajo estrés el aumento de la ingesta es producto de una incitación fisiológica contraria a la que provoca la más elevada ingesta en el rumiante joven, se pudiera mención ar que existe una relación entre el funcionamiento del rumen y el metabolismo de la energía, en esta situación una falta de energía que funciona como la fuerza moduladora en la ingesta de forraje. Lo anterior pudiera revelar parcialmente los aumentos compensatorios que se detectan en rumiantes anteriormente expuestos a un régimen alimenticio reducido.

Condiciones de pastoreo

Los animales incrementan su consumo cuando se les permite pastar por períodos largos de tiempo y/o cuando se logra incrementar el consumo por hora de pastoreo. El consumo en animales adultos se baja cuando existe poca disponibilidad de forraje en tanto, en animales jóvenes está más reducido por el valor nutritivo del forraje. La predominio del tamaño del animal y la edad sobre el consumo puede estar asociado con la condición de los dientes del animal y con el grado de consumo, el cual está determinado por el tamaño del bocado y el número de bocados por minuto. acorde a la madurez del animal, el número de bocados por minuto se baja pero aumenta el tamaño de bocado como un medida para equilibrar la posible baja del consumo causada por una menor velocidad de bocados.

Raza

La raza no es un factor único. En ella se asocian algunos aspectos propios del rumiante como son: 1) la tasa metabólica, el tamaño y la habilidad para reproducir o desarrollar, 2) el genotipo y el período de crecimiento del rumiante van a afectar los requerimientos de nutrimentos; por ejemplo, el ganado Cebú necesita más bajos contenidos de glucosa en el período de desarrollo, tiene más habilidad para almacenar N ureico, por lo que estriba menos del N dietético, posee una tasa metabólica menor y en por tanto tiene un potencial más bajo de desarrollo, el ganado Cebú y sus cruzas tienen una mayor ingesta voluntaria de forrajes que las razas provenientes de Europa, quizás a causa de una más rápida fermentación que posibilita al Cebú a usar de una mejor manera los forrajes fibrosos y de baja calidad nutritiva, el Cebú ingiere más paja reducida en proteínas que el ganado proveniente de Europa, los rumiantes proveniente de Europa ingieren más alimento, tienen una conversión alimenticia más eficaz y se desarrollan más prontamente que el cebú, las vacas Holstein ingieren un 22% más materia seca que las vacas Jersey. Dentro de una raza, la ingesta está más estrictamente relacionada a la edad que al peso corporal, y hay poca probabilidad que cualquier componente individualmente regule la ingesta.

Características físicas de la ración

Las propiedades físicas y la forma del alimento van a afectar la cantidad ingerida y las técnicas de ingestión. El volumen de la partícula del alimento está relacionado con la ingesta. Se calcula que los granos que tienen alta densidad de partícula, son ingeridos posiblemente en cuantiosos porcentajes con poca repetición de comidas, en tanto, que el heno que tiene baja densidad de partícula es ingerido más repetidamente en pocos porcentajes. Los forrajes molidos o peletizados son ingeridos en mayores porcentajes y esto se manifiesta debido a que existe un aumento en la tasa de pasaje de sólidos. El ingerir incrementa las repeticiones de las contracciones ruminales, incrementan la motilidad, aumenta la expulsión de lo digerido y potencialmente incrementa la ingesta voluntaria. En condiciones de pastoreo, con raciones a base de forraje, el componente concluyente en la ingesta de alimento son las restricciones propias por la capacidad del rumen. Las particularidades de la ración que afectan el llenado ruminal, la digestibilidad, la tasa de pasaje y el tiempo de retención, también afectarán la ingesta voluntaria por el lado del rumiante. La digestibilidad está asociada con la velocidad de fermentación y con la habilidad de ataque microbial, fibra detergente ácido y lignina detergente ácido que influyen la ingesta de alimento a través de su efecto sobre la digestión de las partículas.

Etapa fisiológica del rumiante

El equilibrio de nutrimentos en los rumiantes debe tomarse en cuenta en dos etapas en el rumen, para aumentar la tasa de desarrollo microbial y los asimilados por el rumiante dadas sus necesidades; 1) desarrollo, en esta etapa de crecimiento, el rumiante va modificando su ingesta para ajustarla a sus necesidades, en la etapa de desarrollo en la rumiante muestra una ingesta más elevada de alimentos por unidad de peso metabólico que un rumiante maduro que no esté lactando. En los terneros se ha visto que la ingesta se incrementa en función del aumento en la digestión del alimento, existiendo causas de una disminución física. Conforme el rumiante va desarrollándose e inicia a consumir el forraje y puede manipular metabólicamente la ingesta del concentrado, hay por tanto, una dependencia negativa entre la ingesta de materia seca y la digestión del alimento y 2) preñez, las necesidades energéticas para el crecimiento del feto son bajas al inicio de la preñez y conforme aumentan, la producción láctea baja. La ingesta voluntaria baja en el último trimestre de la gestación, estando lo anterior asociado con la baja del volumen del rumen-retículo, provocado por el desarrollo del embrión.

Lactancia

la vaca logra su madurez entre los 6 a 7 años de edad; sin embargo, si la alimentación es apropiada, sigue desarrollándose en las subsecuentes 2 ó 3 lactancias. Debido a que la vaca incrementa de tamaño, además incrementa su magnitud de consumo. Seguidamente de la parición, la síntesis láctea aumenta velozmente hasta lograr la curva de productividad a los 35 a 50 días. En esa época, es más elevado el gasto de energético en la síntesis láctea que la energía ingerida; la ingestión se incrementa pero más espaciosamente en procesos energéticos. Al término de la lactancia, cuando la síntesis láctea empieza a bajar, el apetito se sostiene elevado, y la vaca inicia la recuperación de peso. Se ha mencionado que la magnitud del consumo es baja al inicio y al final de los 50 días de lactación, lo anterior se debería quizás a una arreglo metabólico lento al aumento de nutrimentos y/o a un recobro lenta de las causas de las modificaciones endocrinas al final de la preñez.

Factores del medio ambiente

La temperatura del ambiente tiene una influencia negativa sobre la ingesta de alimento. Algunas demostraciones fisiológicas al estrés térmico son medidas para sostener la temperara del cuerpo óptima. Disminuyendo la ingesta de MS se baja el calor producido por los procesos fermentativos en el rumen, sobre todo cuando la ración tiene substancias que provocan procesos fermentativos elevados en ácido acético y bajos en ácido propiónico; así como ser bajas en proteínas, quizás no existiría adecuada glucosa para satisfacer todos los requerimientos, está forzado a desarrollar altos contenidos calóricos, y la contestación rápida es disminuir la ingesta. Con sólo sustituir los nutrimentos adicionales regula los procesos fermentativos y manifiesta un incremento de la ingesta. La ingesta de alimentos está muy relacionada con la radiación solar, la velocidad del viento y la humedad relativa. La baja de la temperatura del cuerpo se produce en parte mediante la evapotranspiración por los pulmones y la epidermis; sin embargo, cuanto más saturada de agua esté el medio ambiente, más dificultosamente se llevará a cabo la evapotranspiración corporal y de esta manera no habrá baja de la temperatura del cuerpo. Los rumiantes por lo general cambian sus prácticas de pastoreo con el propósito de adecuarse a las horas más beneficiosas.

Propiedades del forraje

La ingesta de forrajes no obedece estrictamente de las características del alimento, o del volumen del tracto gastrointestinal del rumiante, quizás a que los animales tienen que guardar los alimentos por algún período de tiempo para aprobar los procesos fermentativos microbiales; este depósito es un restrictivo al potencial físico y consecuentemente un restrictivo a la ingesta. Las propiedades de los vegetales que influyen en el rellenado y evacuación del rumen son: a) la fracción insoluble pero fermentable; b) la tasa constante de fermentación, c) la tasa a la cual las partículas largas son reducidas y d) solubilidad. Las características del rumiante son: a) el volumen del rumen y b) la remoción de las partículas pequeñas. La ruminación incrementa la velocidad de disminución del volumen las partículas.

Generalmente, los forrajes disminuyen los costos de la dieta de los rumiantes; por tanto, algunas dietas, a base de forrajes, se elaboran suponiendo una determinada ingestión de forraje, y conjuntándolo con concentrado para satisfacer los requerimientos nutrimentales del rumiante. En otras circunstancias (dietas intensivas a base de concentrado) el forraje se proporciona para certificar una cierta cantidad de fibra que admita sostener una apropiada función del rumen e incrementar la cantidad de lípidos lácteos. En ambos circunstancias se requiere calcular el contenido de forraje que puede ingerir el rumiante, debido a que el volumen del rumen tiende a disminuir la admisión de forrajes en la dieta, específicamente se intenta calcular dietas con una cantidad de energía elevada.

Capacidad de carga animal

El resultado de la densidad de la pradera sobre las prácticas alimenticias y la ingesta de alimento, se valora cuando el recurso de forraje es elevado, se disminuye el tiempo de pastoreo, pero además, se provoca un aumento en el tamaño del mordida, aumentando la ingesta voluntaria de alimento. Conforme el recurso forrajero baja el rumiante aumenta el período de pastoreo y disminuye el tamaño de la mordida con reducción acentuada en la ingesta voluntaria de alimento.

Tamaño corporal

Si el volumen físico del tracto gastrointestinal no es una característica restrictiva, la máxima capacidad de ingesta se mostrará por resultado de las necesidades energéticas del rumiante. Los requisitos energéticos son proporcionales al tamaño del cuerpo o peso metabólico, que se manifiesta como el peso vivo a la 0.75; de esta manera, los requerimientos energéticos por unidad de peso de pequeños rumiantes son más elevados que para rumiantes más grande, manifestándose en una selectividad más eficaz de la ración por los primeros. La condición corporal es importante en la ingesta de alimento; rumiantes magros ingieran más que los rumiantes obesos, porque, el contenido de lípidos corporales puede influenciar la ingesta; ya sea quimiostáticamente o físicamente disminuyendo su volumen. Lo anterior se relaciona con la ingesta y el desarrollo compensatorio, es decir, rumiante que tuvieron una etapa de subalimentación, comen más por unidad de pesos vivo que los rumiantes que estuvieron bien alimentados previamente.

Proteína

La ingesta del rumiante disminuye al alimentarse con raciones de bajo contenido proteico, porque limita la fermentación en el rumen, la tasa de pasaje de lo consumido y la velocidad de hidrólisis del disacárido celulosa. Se ha comprobado que bajo climas templados la fibra detergente neutro está influenciada positivamente con el rellenado ruminal y la baja de la ingesta de MS. Los rumiantes son más susceptibles a la carencia de agua que a la carencia de alimentos. Hay un apetito determinado por agua y se supone que el rumiante ingiere las cantidades que require; sin embargo, sus necesidades están asociadas a la etapa fisiológica en el que está el rumiante, salida de minerales vía orina y fecal y a la temperatura del medio ambiente que deba tolerar, por ejemplo: rumiantes europeos ingieren mayor cantidad de agua que el ganado cebú, cuando están en climas cálidos. La ingesta de agua está íntimamente relacionada con la ingesta de MS (alrededor de 4.5 kg agua/kg MS) y la temperatura del medio ambiente. Los rumiantes ingieren más velozmente un alimento acuoso que uno sin agua.

Minerales y Vitaminas

Los primeros síntomas de carencia de vitaminas o minerales es una disminución en la ingesta de alimento y lo anterior se debe a la disminución de una o más vías metabólicas asociadas al uso energético. La falta de hambre es el primer síntoma clínico de una carencia o de una toxicidad. En circunstancias de pastoreo, el zacate es un buen recurso energético, pero la concentración de Na es baja, pero es elevado en K. Los rumiantes bajo un régimen de libre pastoreo tienen la completa libertad para ingerir especies de vegetales que son elevadas en Na. El sabor juega un rol fisiológico elemental en asociar al rumiante con su medio ambiente y auxilia a modular la u de lo agradable y a omitir lo no agradable. Los rumiantes tienen receptores para sabores en la lengua que corresponden a cuatro sabores elementales: ácido, dulce, salado y amargo. Asimismo, el olor puede influenciar la ingesta. Se ha definido que el alimento contagiado con material fecal es omitido por rumiantes saludables, en tanto los bovinos con bulbotomía olfatoria consume el alimento descompuesto. Ha sido corroborado que el ganado tiene una destreza para descubrir sales de sodio por el hedor y es determinado para el Na. Se ha mencionado que los rumiantes usan los estímulos táctiles, el sabor y el olor para distinguir las diferentes especies de plantas.

Digestibilidad

El efecto de la digestibilidad sobre la ingesta de alimento varía entre especies de plantas. Las leguminosas con el mismo porcentaje de digestibilidad tienen hasta dos veces más lignina que los pastos, lo que modifica las características de la partícula y la velocidad de paso del alimento en el tracto gastrointestinal, modificando por ende la ingesta de alimento. Usualmente las leguminosas tienen una más elevada velocidad de degradación, más elevada tasa de pasaje y más elevada ingesta que los pastos de igual valor nutrimental. La especie forrajera y la estructura de la pradera son elementos que afectan la ingesta de forraje. Se ha mencionado que conforme pasa el período de pastoreo y se hace más grande la relación tallo:hoja, y se da una disminución en la ingesta de forraje. Este resultado está afín con una buena etapa ocupacional, dado que al iniciar el pastoreo el rumiante tiende a preferir las hojas del vegetal, las cuales poseen más valor nutricional y digestión, disminuyendo la ingesta de tallos. Si la etapa se alarga el rumiante carece de similar oportunidad para consumir las hojas, obteniendo para si una materia con más cantidad de tallos con más baja digestión por tanto, se baja la ingesta de alimento.

Estimaciones finales

En conclusión, se podría especificar que el consumo de alimento tiende a ser mayor en los rumiantes que requieren más contenido de nutrimentos, por ejemplo: a) rumiantes de trabajo rudo, b) hembras en lactancia, c) rumiantes en desarrollo y d) hembras preñadas. Además, la ingesta de alimentos es más elevada cuando la disposición de los nutrimentos en las substancias terminales de la fermentación en el rumen y aquellos de sobre paso concuerdan con las necesidades de los rumiantes. La cantidad en agua en los forrajes influye en su digestibilidad. Por tanto, aun cuando el agua de bebida es rápidamente asimilada y no influye en la cantidad consumida de alimento, el agua que representa parte de los alimentos usa volumen en el rumen, por lo que el consumo de forraje baja cuanto más elevada sea su contenido de agua; particularmente, se inicia a disminuir su contenido de MS consumida cuando el agua de la dieta es arriba al 65%. Sin embargo, en otras circunstancias los forrajes deshidratados son menos gustados que los que tienen agua.

CAPÍTULO 13

Digestibilidad
de los rumiantes

Introducción

El conocimiento del valor nutritivo de los alimentos es fundamental para la nutrición animal. No es suficiente con los análisis químicos de los alimentos, hay que considerar los efectos de los procesos de digestión, absorción y metabolismo animal. Las pruebas de digestibilidad permiten estimar la proporción de nutrientes presentes en una ración que pueden ser absorbidos por el aparato digestivo quedando disponibles para el animal. La digestibilidad de un alimento indica la cantidad de un alimento completo o de un nutriente particular del alimento, que no se excreta en las heces y que, por consiguiente, se considera que es utilizable por el animal tras la absorción en el tracto digestivo.

Factores que afectan a la digestibilidad

1. Tipo de animales. Los diferentes animales tienen un proceso digestivo distinto con el mismo alimento.
2. Constitución del alimento. La cantidad de las paredes celulares de las plantas afecta especialmente a la digestibilidad de los alimentos.
3. Contenido de la dieta. La digestibilidad de un alimento está afectada por los efectos asociativos entre alimentos, especialmente relevante para los rumiantes cuando el excedente de almidón provoca un bajo pH o la falta de N para las bacterias,

afectan negativamente a la digestibilidad de las paredes celulares.

4. Grado de alimentación. A más elevado consumo, la rapidez de paso de la ingesta por el tracto gastrointestinal aumenta y disminuye la exposición a las enzimas digestivas con la resultante disminución de la digestión. En rumiantes, la baja es mayor para alimentos muy finos o molidos.

5. Clima. Se ha reportado en rumiantes que la digestión baja 1.6% por cada 10 °C de variación en la temperatura ambiente.

6. Cuidado de los alimentos y uso de aditivos. Los tratamientos con calor y humedad y el uso de enzimas digestivas aumentan la digestión.

La técnica de colecta total de heces

La recolección total fecal (RTF) es la técnica más adecuada para estimar digestibilidad debido a que incluye directamente características tanto del alimento como del rumiante. La técnica involucra el cálculo de lo consumido de una determinada dieta de constitución sabida y la colección total de las heces correspondientes al alimento ingerido. Las porciones del alimento brindado, así como las del expulsado, cuando se da alimento a libre acceso, las muestras urinarias y fecales deben ser examinadas en el laboratorio, para vigilar el equilibrio de nutrimentos consumidos y expulsados, como pie de la estimación de la digestión de los nutrimentos analizados. Éste generalmente se calcula con un coeficiente de digestibilidad, expresado en porciento y se estima usando la siguiente ecuación:

Coeficiente de digestibilidad (%) = [(nc - nf) / nc] x 100 (1)

Donde:
nc = Nutriente consumido
nf = Nutriente fecal

No obstante, el método tiene ciertas restricciones con respecto a la exactitud del cálculo del coeficiente de digestibilidad, representadas básicamente por las mermas de gases a través del eructo, fruto de la fermentación en el rumen de los glúcidos, los cuales se creen digeridos y los coeficientes de digestión estimados por diferencia entre los nutrimentos consumidos y los expulsados, no necesariamente representan su disponibilidad. Los ensayos de RTF muestran varios inconvenientes cunado son llevados a la práctica: 1) son laboriosos, 2) requieren que haya jaulas metabólicas para colectas, 3) de personal entrenado en el manejo, 4) el gasto de mantener de los animales y 5) la dificultad de usar hembras en las pruebas.

La labor rutinaria de la técnica RTF, involucra la estimación diaria de la ingesta, la colecta total fecal una o dos veces diarias, libres de vestigios urinarios, conservar los arneses en su lugar y la colecta urinaria. En pruebas de pastoreo libre, la téccnia se dificulta aún más debido a que los rumiantes deben estar acondicionados al uso de arneses y a la continua manipulación de los animales, pudiendo provocar un resultado negativo sobre los hábitos de comportamiento del rumiante. Como resultado de esto ha provocado el uso de marcadores en las pruebas de digestibilidad.

El empleo de animales que permanecen en jaulas metabólicas durante el tiempo que dure un experimento, se considera como el método estándar, el cual sirve para calibrar cualquier otro tipo de procedimiento y su control sistemático. Estos trabajos representan un costo elevado y son laboriosos; por esas razones, es deseable utilizar técnicas simples, reproducibles y de bajo costo

Utilización de marcadores en pruebas de digestibilidad

Los marcadores son sustancias de relación utilizados para observar apariencias físicas, como la velocidad de paso, y químicas, como síntesis e hidrólisis, realizando cálculos cuantitativos o cualitativos de la fisiología nutrimental. Estas substancias además, han sido llamadas trazadores, sustancias de referencia o sustancias indicadoras, indicadores, y se ha denominado de forma especial, como marcadores de las raciones, a todos los que pueden ser ubicados en ellas, pueden ser componentes naturales de la misma o ser suministrados en forma bucal.

Para ser considerado como marcador, un compuesto debe ser inerte y no tóxico, no causar resultados fisiológicos o psicológicos, no debe ser absorbido ni metabolizado en su camino por el tracto gastrointestinal y debe ser recobrado totalmente ya sea de nutrimentos como de alimentos procesados, debe combinarse completamente con el alimento y conservarse uniformemente mezclado con lo digerido, no tener atribución sobre las excreciones del alimento, absorción, motilidad del tracto digestivo, digestión, o sobre la excreción, no tener influencia sobre la microorganismos del tracto gastrointestinal de relevancia para el rumiante; asimismo, debe tener habilidades que admitan su cálculo exacto.

La técnica con marcadores ha sido considerablemente ensayada para pruebas de digestibilidad, sabiendo que los coeficientes de digestibilidad pueden ser estimados sin la RTF, ya sea para rumiantes en confinamiento como para rumiantes en libre pastoreo, en circunstancias cuando se obstaculiza estimar la ingesta total de alimento o cuando se hace improbable juntar toda la excreción fecal. Bajo estas características es loable utilizar marcadores siendo requerido saber la cantidad de la sustancia de referencia en el alimento y en las heces, siempre y cuando se reconozca el marcador adecuado. La utilización de marcadores brinda algunas prerrogativas relacionadas con la técnica de RHF, es menos laboriosa y no usa el cálculo del consumo de la ingesta a evaluar y la excreción de heces debido a que las estimaciones pueden llevarse a cabo directamente sobre colectas de alimento y fecales.

Los marcadores pueden ser clasificados por su naturaleza y regularmente separados en internos y externos. Asimismo, se agrega un tercer grupo, los calculados matemáticamente, como el nitrógeno fecal. Los internos, como la lignina, son componentes naturales del alimento no digestibles ni absorbibles por el animal o que se digieren en muy poca proporción, su uso tiene ventajas debido a que por ser constituyentes no digeribles de los alimentos, no se requiere la elaboración del marcador. Los externos, son compuestos químicos que se dan al rumiante, ya sea directamente en la dieta, en cápsulas o en soluciones y, que al similar que los internos no son digestibles ni absorbibles. Para la determinación de la digestibilidad con marcadores, usando el método de las proporciones, se han definido ciertas ecuaciones, en función de la dependencia de las cantidades de los nutrientes y el marcador, ya sea en la dieta como en las heces. Para el caso de la digestibilidad de la materia seca (MS) y cualquier otro nutriente se han planteado las siguientes ecuaciones:

$$\text{Digestibilidad de MS, \%} = (1 \ cma/cmh) \times 100 \quad (2)$$

Donde:
cma = Concentración del marcador en el alimento (%) y
cmh = Concentración del marcador en las heces (%).

Para determinar la digestibilidad de algún nutriente (DN), se usa alguna de las siguientes ecuaciones:

$$\text{Digestibilidad del nutriente (DN), \%} =$$
$$[1 \ (cma \times nh)/(cmh \times na)] \times 100 \quad (3)$$

Donde:
cma = Concentración del marcador en el alimento (%)
nh = Concentración del nutriente en las heces (%)
cmh = Concentración del marcador en las heces (%)
na = Concentración del nutriente en el alimento (%).

$$\text{Digestibilidad aparente, \%} = 100 \ [100 \ (ma/mh)(nh/na)] \quad (4)$$

Donde:
ma = % de marcador en el alimento,
mh = % de marcador en las heces
nh = % de nutriente en las heces
na = % de nutriente en el alimento.

El uso de marcadores en pruebas de libre pastoreo depende de la destreza de los investigadores para conseguir unas buenas muestras de las heces excretadas y del alimento consumido. No obstante, el marcador nutricional adecuado, que reuna todos los requisitos dados y sea utilizable bajo diferentes condiciones, no ha sido encontrado.

La Lignina como indicador interno

La lignina es el único compuesto de los vegetales cuyas unidades no se muestran plenamente identificados. Es un componente de la madera y lleva a cabo una gran cantidad de actividades que son esenciales para la vida de los vegetales. Por ejemplo, da soporte a la pared celular. Las células lignificadas resisten el ataque de los microbios, no permitiendo la incrustación de las enzimas hidrolíticas en la pared celular de las plantas. El nivel de lignificación perjudica claramente a la digestión de la fibra. La lignina, que se incrementa de manera manifiesta en la pared celular de los vegetales durante la madurez de la planta, es resistente a la hidrólisis enzimática de las bacterias, y conforme aumenta en la fibra disminuye la digestión de los glúcidos estructurales.

El óxido de cromo como marcador externo

En polvo, es una de las diferentes substancias con cromo con peculiaridades de marcador inerte, siendo el más antiguo y comúnmente usado de los indicadores externos. Es no soluble en agua y no se relaciona con los contenidos del alimento consumido. Se traslada en el alimento ingerido en forma de suspensión, de una forma distinta a la fase líquida y a la fase sólida de las partículas, pudiendo crear un sedimento en el retículo-rumen y ser transportado eventualmente al tracto gastrointestinal lo que modifica claramente el esquema de secreción del indicador. Brinda la prerrogativa de tener un recobro total en el material fecal y, hay varias ténicas analíticos confiadas para su recuperación, siendo de gran ventaja para ensayos de digestión.

La Fibra cromo mordente como indicador externo

Esta técnica fue usada para asir el Cr en la fibra de los vegetales vía la creación de uniones ordenados, permaneciendo durante todo el proceso de digestión en rumiantes. Esta técnica. Uno de los primordiales inconvenientes que pudieran mostrarse con los indicadores es que la rapidez de su paso por el tracto gastrointestinal, sea desigual a la de lo consumido, lo que podría originar cálculos equivocados.

Técnica in vitro

La metodología de digestibilidad *in vitro* supone la digestibilidad del tracto gastrointestinal del rumiante y usa fluido ruminal que contenga microbios ruminales viables. El problema de este método consiste en la variación de sus resultados, ya que los microrganismos ruminales están influenciados por el clase y contenido de la ración dada al rumiante. Para determinar la digestibilidad en pastoreo requiere usar muestras de forraje tomadas de rumiantes fistulados al esófago, y someterlas a una estimación de digestibilidad *in vitro*; No obstante, debido a que estas muestras de extrusas esofágicas tienen valores elevados de agua, es requerido deshidratarlas a temperaturas por debajo de los 60°C para evitar la síntesis de seudo-lignina (producto Maillard), la cual impacta negativamente la estimación de la digestión del forraje.

Un aspecto muy relevante es que el método Tilley y Terry (1963) es una técnica de punto final, esto es, no proporciona datos de la cinética del desarrollo de degradación en el rumen. Lo anterior es relevante debido a que dos forrajes pueden tener la misma degradabilidad ruminal después de 48 o 96 horas de incubación, sin embargo, el grado de degradación de las muestras puede haber sido totalmente desigual. Cuando un alimento es fermentado a nivel ruminal, más rápido debería suponer en un aumento en la tasa de pasaje de ese alimento, lo que conduciría en un incremento en la ingestión del alimento.

Digestibilidad verdadera in vitro

En la última década apareció un procedimiento para estimar la digestibilidad verdadera de la MS *in vitro* usando un aparato ANKOM Daisyll 2000. El procedimiento es casi de uso generalizado y se prevé que podrá reemplazar a los tradicionales métodos para estimar la digestibilidad de los alimentos para animales. El procedimiento consiste en la incubación de muestras en bolsas filtro durante 48 h con líquido ruminal y una solución amortiguadora, al finalizar este periodo, las bolsas se hierven en solución detergente 36 neutro. En comparación con los métodos convencionales, el método propuesto por ANKOM simplifica la medición de la digestibilidad verdadera *in vitro*, pues elimina el filtrado de las muestras después de la incubación, el cual es un trabajo de laboratorio intenso. Se han realizado estudios comparativos entre los valores de digestibilidad verdadera *in vitro* que se obtuvieron con el método de Tilley y Terry (1963), considerado como el procedimiento más eficaz y usado desde su aparición en 1963, y los obtenidos con el método DaisyII. Ser obtuvieron valores muy similares en los valores de digestibilidad verdadera *in vitro* entre ambos procedimientos; a partir de estos resultados, se considera que la técnica de digestibilidad verdadera *in vitro* (DaisyII) es un procedimiento confiable para evaluar la digestibilidad de diferentes tipos de alimentos.

Método de producción de gas in vitro

Este método proporciona información de la cinética de digestión; sin embargo, estima la fermentabilidad del alimento en vez de su degradabilidad. Esta fermentabilidad se calcula vía la generación de gases, principalmente CH_3, CO_2 e H. Una prerrogativa concluyente de estas técnicas es que toman en cuenta la solubilidad de los alimentos, que escapan y son tomados en cuanta como degradados en las técnicas *in situ*. Además, usan en menor grado animales fistulados, en vez, usan aparatos disminuyendo las horas trabajo.

El error que se puede cometer cuando se usa esta técnica es la presunción de que la síntesis de gases es directamente proporcional a la degradación de la muestra y, por tanto, de su valor nutritivo. Lo anterior no es totalmente correcto, porque la generación de gases es dependen del contenido de la muestra, los microorganismos y el uso de hexosas para desarrollo bacterial. Ha sido reportado que los alimentos abundantes en predecesores del propionato (elevados en almidón) generan menos gases que aquellos elevados en precursores del acetato y butirato. La aparición de NH_3 en forrajes elevados en proteína cruda puede hacer que disminuya la generación de gases por una reacción con los AGV. Por tanto, se concluyó que la producción de gases *in vitro* da pocos datos además de la estimación de la velocidad de fermentación, por lo que los datos generados deberán complementarse con información de degradación de las muestras, perfiles de AGV y crecimiento microbial. En términos prácticos, esta técnica tiene un gran potencial.

La técnica in situ

Representan una metodología alterna a las *in vitro*, debido a proporcionan determinaciones semejantes a la evaluación de la digestión de los forrajes. En éstas el proceso fermentativo se da en muestras de forraje incluidas en bolsas de nylon o polyester, las que son puestas en el rumen de rumiantes con fístulas ruminales. Esta metodología, además se ha usado para la evaluación de pastos. Las técnicas *in situ* son excelentes para laboratorios donde no se tiene el equipo necesario para la metodología *in vitro*.

Sin embargo, algunos factores afectan la estimación de la digestión de los nutrientes y es necesario que sean controlados para estandarizar esta técnica. Factores como la porosidad de la bolsa, tamaño de las partículas, dieta del animal, el método de colocación de la bolsa en el rumen, así como la contaminación microbiana y los residuos bacteriales principalmente N, son algunos factores que pueden afectar los resultados.

Métodos Enzimáticos.

Las técnicas enzimáticas apoyadas con la utilización de la mezcla celulasa-hemicelulasa han sido utilizadas como una opción a las metodologías de bioensayo que usan microbios del rumen, con el objetivo de eliminar los inconvenientes de repetibilidad y de disponibilidad de rumiantes con fístula ruminal para obtener fluido ruminal. Con estas técnicas se han usado celulasas y hemicelulosas obtenidas de hongos de los géneros Trichoderma y Basidiomyces. Además, se ha documentado que el tratamiento a priori de los forrajes con soluciones de pepsina o con detergente neutro se mejora la relación entre los resultados de degradabilidad emanados utilizando enzimas, comparados a los emanados usando técnicas de digestibilidad *in vitro* e *in vivo*.

Método del índice fecal

Supone el desarrollo de ecuaciones de regresión, que permitan predecir la digestibilidad a partir de la concentración del indicador interno en las heces. En el método del índice fecal, el indicador que se ha usado comúnmente es el nitrógeno o la proteína cruda indigerible; no obstante, la técnica tiene restricciones ya que se usan fórmulas empíricas cuya funcionalidad está acotada a ejemplos donde hay diferencias relevantes en la digestión de los forrajes evaluados, asimismo, de que la predictibilidad de las ecuaciones está limitada a situaciones locales de tipo de pastura, sitio y del rumiante, entre otros.

Efectos asociativos en la digestibilidad

El contenido de nutrimentos que un rumiante puede obtener de un forraje puede ser transformada por la clase y contenido de otros alimentos ingeridos al mismo tiempo. Todas estas tecnologías participativas pueden tener resultados tangibles para la nutrición y producción de rumiantes. Este aspecto es distinguido como efecto asociativo. Los efectos asociativos entre los constituyentes de una ración mezclada se dan como resultado de las actividades interactivas, el valor nutrimental de la ración es diferente a la suma de sus constituyentes particulares. Estos efectos pueden ser negativos (antagonismo) o positivos (sinergismo) entre los constituyentes de la ración.

La mayor parte de los trabajos orientados a percibir el modo de acción de los efectos asociativos conciernen a la acción de una muestra de glúcidos rápidamente fermentables (ensilaje de maíz o cebada) en la digestibilidad del forraje. En los árboles forrajeros, un efecto asociativo negativo a nivel ruminal, podría estar relacionado a la protección de proteína de la dieta por taninos condensados, resultando en la generación de proteína sobrepasante. En este caso, un efecto asociativo negativo en digestibilidad puede ser positivo en términos de producción animal.

CAPÍTULO 14

Requerimientos de nutrimentos para rumiantes

Introducción

Para poder llevar a cabo una buena alimentación del rumiante y de la forma más económica posible, es necesario tener en cuenta las necesidades de los animales en cada momento. Una ración bien balanceada y una conducción adecuado, maximizan la formación de leche, la reproducción y la sanidad animal. Generalmente, en las dietas del ganado se requiere que se involucren los siguientes aspectos; materia seca, proteínas, fibra, agua, minerales y vitaminas en concentraciones adecuadas y balanceadas Los rumiantes tienen la destreza de poder degradar y usar los forrajes, para satisfacer sus demandas nutrimentales y generar alimentos para el humanidad. Debe existir funcionalidad exacta del rumen y de los microbios que contiene, lo cual es fundamental para el éxito del uso de los alimentos. Los requerimientos nutrimentales para el ganado, se separan en los considerados para mantenimiento de la homeostasis corporal, y los que se requieren para diferentes etapas fisiológicas como crecimiento, lactancia y gestación. Existe una gran necesidad de nutrimentos en la última parte de la preñez y debido a que la prioridad es el crecimiento y desarrollo del embrión, la condición corporal de las hembras se debe obtener en el primero y segundo tercio de la gestación. Para sostener la síntesis láctea, los animales deben tener permanentemente con agua de bebida, y suficientes nutrimentos, vitaminas y minerales.

Materia seca

¿Cuánta materia seca va a consumir el ganado? No hay una respuesta simple y exacta, pero se puede predecir el consumo de materia seca razonablemente bien de las Tablas y la experiencia práctica de los manejadores de dietas. Por lo general, un bovino puede ingerir una cantidad de materia seca equivalente al 2 o 3% de su peso corporal y se dependerá de acuerdo a su productividad. Dos terceras partes de la materia seca lo confirma el forraje.

Agua

Es el nutrimento más relevante para las vacas lecheras. Los animales durante la lactancia, padecen de forma abrupta y fuerte los estragos de una carencia de agua, comparado con otros nutrientes. La necesidad de agua depende de la cantidad láctea sintetizada, de la clase de dieta, de la temperatura, del viento y de la humedad relativa. Alrededor del 83% (rango de 70 a 97%) del total de agua ingerida, es a libre acceso. Generalmente, las vacas deben obtener de agua limpia y fresca en forma constante, pudiendo ingerir entre 70 y 120 litros al día, según sean las condiciones de temperatura ambiental, producción de leche y el tipo de dieta (Tabla 16.1).

Tabla 16.1. Requerimientos de agua del ganado en diferentes estados fisiológicos

Clase de animal	Necesidades de agua
Terneros	5-15 litros/día
Bovinos (1-2 años)	15-35 litros/día
Vacas secas	30-60 litros/día
Vacas producción (10 kg de leche)	50-80 litros/día
Vacas producción (20 kg de leche)	70-100 litros/día
Vacas producción (30 kg de leche)	90-150 litros/día

Fibra

Para incentivar las actividades ruminal, los animales requieren una cierta cantidad de alimentos fibrosos. La fibra además, es requerida para sostener el la cantidad de lípidos lácteos producidos por el rumiante. Los niveles óptimos de fibra en el caso de las vacas lecheras van de 17 a 22% de materia seca. Sin embargo, si la cantidad de fibra en la dieta es superior al 22% la ingesta potencial de alimento de los animales se verá seriamente afectada. No obstante, cantidades más bajas de 17% afectan el la cantidad de lípidos lácteos, disminuyéndolos radicalmente. Los niveles óptimos de fibra en el caso de las vacas lecheras rondan entre el 17 a 22% de materia seca. Si los valores de fibra en la ración son superiores al 22% la capacidad de consumo de alimento de estos animales se ve seriamente perjudicada. Sin embargo, por debajo del 17% lesionan la cantidad de lípidos lácteos, reduciéndolos de forma enorme.

Requerimientos para mantenimiento

Son los requerimientos nutrimentales usados a sostener la funcionalidad normal de los aspectos vitales de los organismos, independientemente de la actividad productiva. Los cuales son: la respiración, mantenimiento de la contracción de los músculos y otros, cuya actividad requieren energía dietética de los alimentos que el ganado ingiere. Asimismo, debido a la funcionalidad biológica, el rumiante está constantemente eliminando N vía orina, heces y desgaste de tejidos. Lo anterior, debe ser proporcionado, y este requerimiento se refiere a la necesidad proteica para mantenimiento. Algo parecido pasa con otros nutrimentos como el agua, principal componente del cuerpo; los minerales, que sostienen entre otros el balance de electrolíticos sanguíneos y células; las vitaminas que auxilian a la normal funcionalidad de aspectos importantes para el organismo.

Requerimientos para crecimiento y ganancia de peso

Cuando se ha logrado satisfacer los requerimientos para mantenimiento, la energía y demás nutrimentos, son enviados a satisfacer las necesidades de desarrollo. Éstos corresponden a los nutrimentos para ganancia de peso, crecimiento, preñez y síntesis láctea. El crecimiento, corresponde un incremento estructural tisular como tejido óseo, músculos y otras partes corporales. En la etapa del desarrollo biológico, los diferentes órganos del cuerpo se desarrollan a desigual grado, cambiando la constitución química del cuerpo, con la edad del rumiante. Lo anterior provoca que las necesidades de nutrimentos, tanto como su valor, cambien dependiendo con el grado de crecimiento. Por tanto, por cada unidad de ganancia corporal, la constitución de ese aumento es desigual para animales adultos al compararlos con animales jóvenes. Entre más edad, el incremento de peso en el rumiante adulto será representado por una mayor cantidad de lípidos en la constitución química del incremento corporal. Contrariamente, en el rumiante joven, lo anterior estará dado por una mayor cantidad de músculos, en vez de lípidos. El almacén corporal de lípidos, le cuesta al rumiante un mayor precio energético que si almacenara proteína, por eso, los rumiantes adultos deben incrementar su ingesta de alimentos para poder subsanar su mayor ineficacia en la utilización de la energía. Por tanto, el aumento de las necesidades energéticas, es equitativamente mayor al de los requerimientos proteicos. Lo anterior conduce a que debe aumentar la proporción energía:proteína conforme se vayan logrando más elevada productividad en rumiantes de igual peso. Además, los diferentes tipos de ganado o como los rumiantes con diferente situación hormonal, muestran desiguales curvas de desarrollo.

Preñez
La duración media de la preñez en el ganado bovino es de 280 días. Al final de la preñez, el útero y el producto logra un peso de 70 a 80 kg. De lo cual, alrededor de 40 a 45 kg representan al feto, y lo demás al útero, placenta y anexos fetales. El mayor aumento de peso ocurre en el último tercio de la preñez, específicamente en las últimas 6 a 8 semanas antes de la parición.

Para las vacas multíparas, el período seco que corresponde a 60 días antes de la parición, empata con el período final de preñez. Debido a su relevancia en el conducción nutrimental se le llama etapa de transición y corresponde de 20 a 30 días, antes del parto y los 30 días iniciales a la lactación.

Esta etapa es importante para el éxito de la eventual lactación y para la salud del animal, pues, si se manipula correctamente, provoca una correcta adaptabilidad de la glándula mamaria y de la actividad del rumen hacia la nueva etapa fisiológica. Al término de la preñez y al comienzo de la lactación, normalmente hay una reducción de la ingesta de alimentos que produce una falta básicamente de energía. Lo anterior provoca que el rumiante, movilice el almacén de lípidos del cuerpo para satisfacer las demandas. Una alta movilidad de lípidos, puede dar origen a patologías metabólicas, como cetosis e hígado graso.

Además, hay que tomar en cuenta un suficiente consumo de minerales como Ca, Mg y disminuir otros, como K, que interviene con la asimilación de Mg o con el balance ácido-base durante la parición. Lo anterior provoca una alcalosis metabólica, incrementando la posibilidad de padecer fiebre de leche debido a que no se permite que funcione las actividades hormonales de ordenación del Ca en sangre, especialmente cuando hay una gran producción de calostro.

Lactancia

La energía neta requerida para lactancia, se define como la energía contenida en la leche, específicamente en la grasa, proteína y lactosa. El calor de combustión de la grasa, proteína y lactosa en la leche son de 9.29; 5.71 y 3.95 Mcal/kg, respectivamente.

La ecuación para calcular los requerimientos de ENL para producción de leche es:

$$\text{ENL (Mcal/kg)} = (0.0929 \times \% \text{ Grasa}) + (0.0547 \times \% \text{ Proteína}) + (0.0395 \times \% \text{ Lactosa})$$

En caso de que no se conozca el nivel de lactosa en la leche, se debe asumir un valor de 4.85%. El nivel de proteína se determina multiplicando la concentración de nitrógeno por 6.38. Es importante aclarar que esta ecuación estima la energía neta necesaria para producción de leche, sin considerar la pérdida o ganancia de peso corporal típica de animales durante la lactancia.

Energía

La energía requerida para sostener el metabolismo y los actividades orgánicas del ganado lechero, representa uno de los más elevados gastos de la actividad lechera. Se requiere tomar en cuenta el incremento de las necesidades, por la actividad del ganado que pastorean y el trayecto recorrido. Se estima que en pastizales de buena calidad, se debe incrementar el 10% de las necesidades para mantenimiento. Además, hay que considerar que, en las primerizas con parto a 24 meses de edad, deben ser incrementados las necesidades para mantenimiento corporal. Además, lo anterior es factible para las necesidades de minerales y proteína. Conjuntamente de las necesidades de mantenimiento, la vaca demanda satisfacer los requerimientos de energía, dependiendo de la cantidad de leche producida y contenido de grasa.

Al iniciar el período de la lactación, normalmente, se manifiesta una dificultad de desbalance de energía por la baja ingesta que muestran los animales. Lo anterior, en parte, se soluciona auxiliándose la vaca de su almacén corporal, con la eventual merma corporal. Ulteriormente, el balance de energía se incrementa, restituyendo el estatus corporal y almacenando nuevas reservas. Cerca del parto, se da de nuevo un desbalance negativo energético por más baja capacidad de ingesta alimentaria.

Proteína

Las necesidades de proteína del ganado, son satisfechos solamente en un 20 a 30% por proteína dietética. Lo demás, es degradada por los microorganismos ruminales y usada desde la forma de NH_3, para la creación de proteína microbial disponible para el rumiante. La producción de proteína microbial, está supeditada inicialmente por el aporte de N en la dieta y posteriormente, del abastecimiento oportuno de energía que necesita la flora microbiana del rumen. Conforme se incrementa la productividad del ganado, se incrementa las necesidades de proteína no degradable, aumentándose de esta manera la proporción proteína:energía.

La gran cantidad de proteína bacterial al total de las necesidades y una pérdida relativa energética, disminuye la producción de proteína bacterial causando con ello un exceso de NH_3 ruminal que se asimila, causando problemas de fertilidad y sanitarios; sin embargo, una parte de este NH3 se recicla, como urea vía saliva, para nuevamente entrar al rumen.

Los requerimientos de proteína se muestran de dos formas: en base a proteína metabolizable (PM) y a proteína bruta (PB). Para usar los requerimientos de PM se requerirá tomar en cuenta la degradabilidad de la proteína de los ingredientes de la ración, siendo la principal ventaja de este sistema, que toma en cuenta tanto los requerimientos de proteína de los microbios ruminales como los del rumiante para su mantenimiento y desarrollo. Si se utilizan los requerimientos en base a PB éstos asumen que el 80% de la PM proviene de la proteína microbial, y el 20% restante de la proteína bypass o no degradable.

Minerales

Estos elementos son esenciales para el trabajo que realiza el organismo en sus diferentes etapas fisiológicas. Se agrupan en minerales traza y macrominerales, dependiendo de las concentraciones involucradas en los procesos. Minerales relacionados con la síntesis de tejidos son el Ca, P y Mg, principalmente. En actividades de transmisión de impulsos nerviosos y contracción muscular, son relevantes el Ca, P, Na y K. Para el balance ácido-base, tienen un rol esencial el P, Na, K y Cl. En el metabolismo energético, el P, Na, Co y Y. Como activadores enzimáticos, el Mg, Cu, Fe, Mo, Zn, Mn y Se. El S, para interviene la producción de proteína microbial.

Vitaminas

Son compuestos que en reducidas concentraciones participan en las funciones metabólicas. En el rumen, los microbios producen todas las vitaminas hidrosolubles y la vitamina K. Además, el ácido ascórbico se produce en los tejidos. Las liposolubles como la A, D y E, deben ser proporcionadas según sea la ración. La vitamina A es requerida para la vista, mantenimiento de membranas, para el crecimiento, reproducción y para el sistema inmunológico. Los β-carotenos de las plantas son los creadores de la Vitamina A. La vitamina D es una prohormona requerida para la homeostasis del Ca y P. La vitamina E atañe a un vinculado conjunto de substancias liposolubles, con una fuerte actividad antioxidante en conjunto con el Se. La vitamina K tiene efecto antihemorrágico. Es producida por los microbios ruminales y algunos de sus predecesores se localizan en los vegetales

Vitaminas del Complejo B

La biotina interviene con la síntesis de queratina, relevante para la síntesis del tejido córneo. El ácido fólico que es componente de algunas enzimas. La niacina es una parte activa de coenzimas del metabolismo de los glúcidos, grasas y proteínas. Las otras vitaminas: tiamina, riboflavina, ácido nicotínico, piridoxina, cianocobalamina y ácido pantoténico, intervienen de algunos sistemas enzimáticos y vías metabólicas. La vitamina C (ácido ascórbico) es una vitamina hidrosoluble, que se produce dentro de los tejidos de los animales adultos. Los animales jóvenes no pueden producirla hasta los 21 días de nacidos. Es un fuerte antioxidante e interviene en la ordenación de la formación de esteroides.

Estación del año y temperatura

Aun cuando los efectos de la estación están asociados, generalmente, con los de la temperatura ambiente, existe certeza progresiva que la estación en sí sola puede tener un acción sobre las necesidades de mantención de los animales. Se ha visto que las necesidades de manutención del ganado son más bajas en otoño y más altas en primavera. Asimismo, se ha sabido que conforme se incrementa el estado corporal del ganado, las necesidades para manutención se incrementan en primavera y verano pero bajan en otoño e invierno. Dentro del organismo y como parte del metabolismo celular y de la fermentación en el tracto gastrointestinal se genera calor. La salida de este calor se lleva a cabo vía conducción, radiación, evapotranspiración y convección. Para sostener la temperatura constante del cuerpo (termostasis), se requiere que haya un equilibrio entre la generación de calor y su salida. La etapa de termo-neutralidad del organismo se define como la temperatura ambiental efectiva en la cual el animal no está bajo stress por calor o frío, la tasa metabólica es la más baja, y el organismo no está intentando ni disipar o conservar calor, usualmente entre 5 a 20 °C. Una vez que la temperatura ambiente aumenta más arriba de la zona de termo-neutralidad, los acciones para disipar el calor se ponen en marcha (incrementando la frecuencia cardiaca y la respiración) y como consecuencia se incrementan las necesidades de manutención. Similarmente, las necesidades de manutención también se incrementan durante el período de frío debido a que el organismo requiere producir calor para poder sostener la temperatura del organismo. Los rumiantes también cambian su conducta para poder equilibrar los climas extremos. El juntarse y el cambio en la posición corporal para reducir la superficie del cuerpo exhibida al viento helado son tácticas para preservar energía. Por otro parte, en los días calientes los rumiantes van a localizar sombreadores, aire y/o fuentes de agua.

CAPÍTULO 15

Problemas relacionados con el tracto gastrointestinal

Introducción

Cuatro trastornos toxicológicos en el tracto gastrointestinal, que padecen los rumiantes, se discuten en este capítulo. 1) timpanismo ruminal es una enfermedad predominante del ganado vacuno; sin embargo, puede suceder en los ovinos. La delicadeza propia del ganado bovino a sufrir timpanismo es variable y está establecida por los genes, 2) acidosis ruminal es la enfermedad nutrimental más relevante de los engordas ganaderas. Es provocada por una acelerada síntesis y asimilación de ácidos a vía paredes ruminales cuando los rumiantes ingieren elevadas cantidades granos o azúcares solubles en un corto período de tiempo, 3) los bovinos y otros rumiantes son más susceptibles a padecer intoxicación por urea debido sobre todo a la presencia de la enzima ureasa bacterial, promotor relevante en la degradación de la urea y 4) nitratos y nitritos que son producidos y acumulados en ciertos forrajes y hierbas verdes más que en otras plantas. Las pajas de cereales, los pastos y las hierbas son más proclives a almacenar nitratos que las leguminosas. Además, elevadas cantidades de nitritos en el suelo suelen darse como respuesta de una fertilización elevada de N y la aspersión de excrementos.

Timpanismo

El timpanismo sucede en rumiantes como una sobre distensión del rumen y el retículo provocada por la acumulación de gases producto de fermentación; puede darse en forma de espuma constante mixta con el contenido ruminal, a la cual se le conoce como timpanismo primario o espumoso, o también en forma de gas libre aparte de lo consumido, a la cual se le llama timpanismo de gas libre secundario. Hay varias causas que producen la formación de la espuma en el rumen: las proteínas solubles de los folíolos, saponinas y hemicelulosas se piensa que son los principales agentes espumantes primarios que forman la espuma que rodea el gas en el rumen con una mayor estabilidad a un pH de 6.0.

El timpanismo da origen frecuentemente a una muerte repentina. Al ganado vacuno que no está observado muy cercanamente, como sucede con los rumiantes de engorda que además salen a pastar y el ganado lechero cuando está seco, se les localiza frecuentemente ya sin vida. En el ganado lechero de alta producción, que es observado frecuentemente, el timpanismo suele iniciar cerca de 1 h después de haberlo liberado en una parcela productora de timpanismo. El timpanismo suele pasar en el primer día que salen a pastar, pero ocurre con más regularidad a los dos o tres días.

En el timpanismo del pasto primario se produce rápidamente el abultamiento directo del rumen y el lado izquierdo puede estar tan abultado, que el entorno de la fosa paralumbar resalta por arriba de la columna vertebral; toda la panza está crecida en dimensión. La movilidad del rumen no baja hasta que el timpanismo es crónico. Si éste avanza en desmedida, el rumiante colapsará y morirá. Se han dado casos de mortandad por timpanismo hasta de un 20% en ganado pastando en pastos promotores del timpanismo.

En el timpanismo secundario, la producción de gas en por arriba de lo normal, está libre por arriba del contenido líquido y sólido del rumen. El timpanismo secundario tiene una actividad ocasional. Se da una resonancia timpánica sobre el lado del dorso en el abdomen a la siniestra de la línea promedio. El gas libre origina un sonido timpánico de tono más arriba del sonido que el del timpanismo espumoso. El alargamiento del rumen se puede dar con una exploración del recto.

Evitar el timpanismo de los pastos puede ser dificultoso. Las técnicas usadas radican en dar heno a los rumiantes antes de liberarlos pastar, sostener los pastos como vegetales dominantes de la pradera o disminuir las áreas de praderas para disminuir la ingesta. Para que el heno sea eficaz, tiene que conformar al menos una tercera parte de la dieta. El consumo de heno o el pastoreo limitado pueden ser técnicas adecuadas cuando el pasto es levemente dañino, pero no lo son demasiado si la pradera está en una etapa a priori a la producción de flores, que es cuando hay más posibilidad de darse el timpanismo.

Acidosis ruminal

Esta enfermedad es registrada por su origen de estrés en los rumiantes; en praderas de finalización de becerros con raciones con muy elevado nivel de cereales, en engorda de ganado de rechazo en pastoreo y elevadas cantidades con suplementos energéticos o raciones para vacas lecheras de elevada productividad y elevada cantidad de cereales. La acidosis no representa un desorden único, sino que, además, muestra diferentes niveles. Las señales de la acidosis pueden ser tan poco notorios como pudiera ser una disminución de la ingesta de 100 g/día o tan rigurosos como la muerte del rumiante.

Las diferentes causas asociadas con la acidosis en base a lo observado en las engordas son: 1) infosura, 2) abscesos hepáticos, 3) absorción dificultosa, 4) muerte súbita, 5) polioencefalomalacia-brainers, 6) clostridiosis, 7) ingesta disminuida o suprimida y 8) ruminitis. La acidosis puede ser del tipo aguda (acidosis clínica) y una subaguda. Varios de los decesos establecidos como muerte súbita la causa pudo haber sido una acidosis. Los animales si son inyectados con tiamina se pueden recuperar fácilmente y dejan de mostrar síntomas de desequilibrio cerebral. En la acidosis aguda la síntesis de tiamina por las bacterias ruminales se da en una muy baja cantidad, lo que causa los signos. En la acidosis aguda, el pH del rumen baja a valores de entre 4 y 5, muy por abajo del pH normal de 6.5. Las membranas que cubren la pared interna ruminal salen dañadas, además se ven dañadas las membranas del omaso y abomaso y se muestran gravemente hinchadas.

La acidosis subaguda se da en mayores casos, pero muy pocas veces es registrada por los ganaderos. El mayor signo revelado por el rumiante se da por una disminución en la ingesta de alimento, con la eventual disminución de la productividad. Cuando el rumiante es alimentado en conjuntos de 100 a 200 animales, la caracterización de los síntomas con acidosis se dificulta. Ocasionalmente se muestran algunos síntomas agregados como patearse la panza, salivación excesiva, diarrea, jadeo, animaversión del apetito como consumo de suelo o excremento.

La acidosis aguda se puede manifestar en rumiantes que no están habituados a la ingesta de un alimento energético, sino, además, se pueden enfermar rumiantes que ya llevan un buen período ingiriendo alimento con elevadas proporciones de concentrados. En éstos últimos una pequeña modificación en el consumo, puede causar acidosis, ya su flora ruminal se localiza en un balance hábil donde son necesarios pequeños estímulos para causar el crecimiento de las bacterias sintetizadoras de lactato.

Hay un gran número de alimentos que en abundancia pueden causar esta patología, siendo: los más importantes la remolacha azucarera, desperdicio de panadería, los granos molidos, la melaza, la papa, la cáscara de papa, arroz, maíz, frutas y pan. Los síntomas aparecen cuando hay un cambio de alimentación y proporciona de concentrado sin una etapa previa de adaptación o en corrales de engorda en el último período de la etapa productiva. En rumiantes en pastoreo se llega a mostrar cuando ingieren remolacha azucarera o caña de azúcar.

Toxicidad con urea

Es una substancia nitrogenada no proteica (NNP), cristalina y sin coloración, con la fórmula N2H4CO, elaborada artificialmente y naturalmente. Al mismo tiempo de usarse como suplemento proteico en dietas el ganado, la urea es usada como fertilizante agropecuario y en la fabricación de plásticos. Se encuentra en forma granulada y perlada, siendo esta última la más favorecida para uso en rumiantes por su solubilidad y habilidad para mezclarse con otros componentes de la ración.

La urea sucede como una substancia terminal del metabolismo del N en casi todos los mamíferos. Tiene aproximadamente 46% de N, equivaliendo a un 287.5% de proteína cruda. Es un recurso alimenticio muy importante de NNP para los rumiantes. No obstante, su utilización estriba de la facilidad de los microorganismos ruminales para usarla en la síntesis de sus propias células. Siempre proporciona ventajas para el rumiante, ya que habiendo acceso de forraje (aun de bajo valor nutrimental) incrementará la ingesta, además de la velocidad de degradación de la fibra y de pasaje del alimento vía el tracto gastrointestinal. Por lo general, es recomendada en dietas para rumiantes con una variación o cantidad de aproximadamente el 3% del alimento concentrado o de alrededor del 1% de la materia seca total o de la dieta total. El Biuret es usado en cantidades del 3% de la dieta total.

En un rumen normal, el NH3 liberado de los recursos de NNP se encuentra en forma de ion amonio, este ion es soluble y sus cargas no dejan que sea asimilado ruminalmente. Si el pH es de alrededor de 11, lo cual suele pasar cuando hay demasiada urea en rumen, se producen elevados contenidos de NH3, el cual puede estar en forma no cargada, siendo también soluble y de fácil asimilación en el rumen alcanzando la sangre. En el torrente sanguíneo se hay mecanismos que tienden a sostener el pH de 7.4 en el cual se encuentra en forma cargada (NH4++), no permitiendo de esta manera reingresar a las paredes del rumen debido a esto hay inducción a una alcalosis compensada.

La intoxicación con urea sucede rápidamente y por lo general es letal y sucede comúnmente durante el otoño, cuando se realiza un cambio del régimen de alimentación pasando de una dieta base voluminosa a otra complementada con urea; en pruebas de finalización, la patología se da cuando el ganado es sujeto a una dieta terminal. Además, puede pasar la enfermedad cuando, por malestar, se para el suministro de urea y ésta se reinicia eventualmente sin la requerida etapa de ajuste. La cantidad usual de urea es de 3% al 1% de la dieta completa, no obstante cantidades más altas han sido usadas en bajo ciertas circunstancias, sin que se hayan mostrado problemas. El bovino y otros rumiantes parecen ser las especies más susceptibles a la intoxicación por urea, debido sobre todo a la presencia de la ureasa bacterial, aspecto importante en la hidrólisis de la urea.

Las circunstancias en las cuales puede ocurrir la intoxicación por urea son las siguientes:

- Mezclar inapropiadamente o calcular mal el NNP en la dieta completa.
- Suplementación con urea en rumiantes no habituados o en abstinencia total o en estado de hambre.
- Uso de elevadas cantidades de urea en dietas de bajo contenido de energía y proteína y elevadas en componentes fibrosos.
- Rumiantes bajo un régimen de alimentación a libre acceso donde hay elevadas cantidades de urea.
- Las dosis letales, para el caso de los rumiantes generalmente son de 1 a 1.5 g/kg de peso vivo.

Para evitar posibles patologías por intoxicación con urea hay que tomar en cuenta lo siguiente:

1. Los rumiantes deben ajustarse al consumo de urea incrementando la cantidad diariamente de 10 a 15 días.
2. En la dieta se debe alimentar con glúcidos de rápida asimilación.
3. Después de penurias alimentarías no se debe administrar urea.
4. No se debe suplementar con urea a rumiantes enfermizos y frágiles.

La urea es hidrolizada en el rumen liberando NH_3, el cual es usado por los microbios para sintetizar proteína microbial. Sin embargo, cuando la urea libera NH_3 más rápidamente de lo que pudiera ser transformado en aminoácidos, la demasía de NH_3 será asimilado vía las paredes ruminales y trasladado al hígado vía la vena porta, provocando una alcalosis, la cual es una toxicidad inducida por el exceso de NH_3.

Si no se atiende rápidamente, el rumiante perecerá en un período de tres horas. En el ganado, el tratamiento consiste en proporcionar vía oral una mezcla dos a tres litros de acetato al 5% o vinagre disueltos en 20 a 30 litros de agua fresca, previo a que el rumiante llegue a un período de rigor muscular.

Toxicidad con Nitratos y Nitritos

Cuando el ganado ingiere elevadas cantidades de nitratos (NO3) los microbios ruminales lo reducen eventualmente a nitrito (NO2). Sin embargo, si el nitrito no es reducido rápidamente a NH3, puede trasladarse vía sanguínea en cantidades inmoderadas. El NO2 sanguíneo cambia a la hemoglobina en meta hemoglobina limitando el traslado de O2 a las células. Si la cantidad de meta hemoglobina es mayor al 65% el rumiante no tendrá suficiente O2 lo que le ocasionará la muerte en un breve período de tiempo.

Las fuentes de NO3 pueden ser por medio de la contaminación del agua de bebida por el arrastre de las lluvias en las parcelas fertilizadas. El caso más elevado de intoxicación por NO2 lo forman una gran cantidad de vegetales crecidos en suelos fertilizados que al ser consumidos por los rumiantes provocan sus efectos tóxicos al liberar el NO3 y NO2 fijado por los mismos. El acumulamiento en los granos se lleva a cabo por similar procedimiento y hace mucho más letal el heno elaborado a partir de ellos. En la acumulación en los vegetales intervienen varios aspectos como son: el pH bajo, la precipitación, los suelos, baja temperatura del suelo, carencia de Mo, S o P en el suelo, resequedad, insuficiente luz y falta de aireación.

Cuando los forrajes se les corta tempranamente, contienen cantidades de NO3 similares al forraje en su etapa de casi madurez. A los animales no debe permitírseles consumir alimentos conteniendo más de 0.8 % de nitrato de potasio (sobre una base de materia 100 % seca). Una escasa intensidad de luz y una elevada temperatura, conduce a elevadas cantidades de NO3 en los vegetales. Se almacenan ene la noche y se dispersan eventualmente en días con abundante sol con temperaturas cálidas. Los niveles de NO3 son más elevados previo al amanecer, cuando hay más posibilidades de que ocurran heladas.

CAPÍTULO 16

Problemas metabólicos relacionados con la nutrición

Introducción

En este capítulo se discuten siete enfermedades metabólicas relacionas con la nutrición de rumiantes. Las enfermedades metabólicas son provocadas por la relación entre la historial nutrimental del rumiante, su estado fisiológico, productividad, ración y un poco de tendencia genética. Las enfermedades metabólicas de los rumiantes son de muchos tipos. Su común denominador es que ninguna es infecciosa o degenerativa; no obstante, su prevalencia puede aumentarse con la vejez, y, aunque hay variaciones entre razas, ninguna se debe a faltas metabólicas esenciales fuertemente específicas. Por tanto, todas las enfermedades pueden evitarse con manejo nutrimental de los animales.

Tetania hipomagnesemia tetánica

La enfermedad surge por la baja de Mg en el ganado y un alto contenido de K y N en los forrajes siendo consumidos por ellos. Lo anterior se observa cuando se tienen praderas sin adecuado manejo de los minerales y el ganado baja el consumo de Mg. La tetania de los pastos es la más habitual y da seropositivo en el ganado que han experimentado cambios bruscos en su régimen alimenticio. Podría darse el caso, si los animales pasaron de ingerir forrajes verdes y con nutrimentos en invierno a pastos bajos en minerales en verano. Los síntomas son: el tercio posterior del ganado se paraliza y se deja caer al piso. La tetania del transporte se origina cuando el ganado está en el último tercio de la preñez y se mueve súbitamente o por una etapa larga. La aglomeración, el estrés, la carencia de alimento y agua y la presencia de altas temperaturas provocan de la tetania del transporte. Los síntomas clínicos observados son marcha tambaleante, temblor muscular, agresividad, convulsión y muerte. Generalmente el ganado que más continuamente se ve afectado es el que está en mejor condición debido a que el transporte de grasa causaría un atrapamiento de Mg y en consecuencia una reducción del Mg sanguíneo.

La fiebre de la leche

La paresia puerperal, fiebre de la leche o hipocalcemia puerperal es una enfermedad metabólica nutricional distinguida por un breve desbalance en la regulación del contenido de Ca sanguíneo en las 48 horas antes y hasta 72 horas después del parto; no siendo realmente una carencia de Ca. La patología causa elevadas mermas financieras en los establos lecheros, básicamente a causa del elevado gasto de los procedimientos, los decesos y los problemas colaterales. Las principales causas de patología son la alta productividad, la dieta en la etapa de transición y la edad del animal.

El Ca asimilado por el intestino y el transportado en el tejido óseo, conforman el recurso principal de Ca para el almacén sanguíneo. La vaca muestra hipocalcemia solo cuando la ingesta total de Ca de estos dos recursos es baja. La paresia del parto se da, cuando el uso de Ca del almacén sanguíneo, es mayor al ingreso de Ca absorbido del intestino y el transportado en el tejido óseo. Todas las vacas lactantes sufren una hipocalcemia fisiológica en al momento del parto.

Cálculos urinarios (Urolitiasis)

Los cálculos en el aparato urinario tienen un origen multifactorial que circunscribe desbalances de minerales, consumo de concentrado y las castraciones, entre otras. Generalmente se localizan varios cálculos de tamaño pequeño. El área de estos suele ser arrugada y esponjosa. El color como la firmeza de los urolitos cambian dependiendo del tipo de alimentación. Los urolitos pueden estar compuestos por sílice, cuando los animales están en pastoreo o de carbonato sobre todo cuando los animales son engordados cereales. La patología inicia con la creación de micro cálculos renales y cuando aumentan de tamaño, lo suficiente limitan la uretra, ocasionan problemas clínicos. La patología se puede manifestar de muchas formas, pero es más frecuente en los machos castrados por tener una uretra más reducida. Los síntomas se muestran dependiendo de la dificultad de la obstrucción en los signos clínicos como ausencia de micción, cristales localizados en el prepucio, cólicos, en la distensión abdominal y sonido de líquidos en la panza, costras en la piel y por observaciones en la necropsia.

cetosis y toxemia de la preñez

Es una patología de las vacas en lactancia adelantada debido a que ocurre por lo general durante las primeras 6 semanas de la ordeña y la Toxemia de la Preñez es una patología de los ovinos teniendo más de un embrión. Ambas patologías son producidas por un nivel bajo de glucosa sanguínea (hipoglicemia) causada a una enorme síntesis de glucosa y se dan cuando el rumiante está en un equilibrio negativo energético. Dado que la energía es depositada como lípidos, en etapas de equilibrio negativo energético, la movilización de células reemplaza algunas sustancias glucogénicas. De todos los ácidos grasos volátiles, solo el propionato es glucogénico. En vacas lactantes siendo ordeñadas, la glucosa puede ser reducida a lactosa en glándula mamaria, y en las ovejas preñadas por los fetos. En ambas patologías la provisión constante y a tiempo de glucosa intravenosa mejora la patología. La ingestión con glucosa tiene poco éxito, porque ésta es fermentada en el rumen. Aunque los componentes glucogénicos como el glicerol, propilenglicol y propionato pueden ser agregados a la dieta para prevención o terapias, de todas formas, la infusión de glucosa es más eficiente.

En rumiantes con baja concentración de glucosa, los cuerpos cetónicos (cetonas) se manifiestan en la sangre en elevada cantidad y se expulsan vía urinaria y en la leche de las vacas de ordeña. Los cuerpos cetónicos son: acetoacetato, 3-hidroxibutirato y acetona. La baja de glucosa disminuye la cantidad de glucógeno hepático y el suministro de oxaloacetato. El bajo contenido del oxaloacetato disminuye la oxidación del acetato, en el ciclo del ácido cítrico. Los cuerpos cetónicos son substancias oxidables normales cuando están presentes en valores prácticamente disminuidos en la sangre.

En la cetosis y la toxemia de la preñez, se da un cambio en la conversión de glucosa a grasa y se aumentan la cantidad de cuerpos cetónicos sanguíneos. El acetoacetato y 3-hidroxibutirato son ácidos prácticamente fuertes; en cetosis estos están incompletamente oxidados, produciendo bajo pH sanguíneo, son expulsados vía urinaria y en la energía de desecho. La acetona, que es volátil, puede manifestarse por su olor en la respiración. Daños hepáticos y renales pueden ocurrir y la mortalidad suele ocurrir. Los fetos pueden morir en el útero y agravar la condición de las ovejas; el aborto o partos inducidos pueden traer la recuperación. El tratamiento con adrenocorticotropina o corticosteroides ha tenido ciertos triunfos. Éstos provocan a la movilización de proteínas de las células que reemplazan aminoácidos glucogénicos. La causa de hipoglicemia puede ser disminuida previniendo del sobreconsumo de energía antes de, y su disminuida ingesta durante la etapa crítica.

Paraqueratosis ruminal

Esta patología se manifiesta en raciones elevadas en cereales, en engordas de ganado y en vacas lecheras. La enfermedad se manifiesta por una queratinización crónica reversible de la mucosa ruminal con ciertas hinchazones y ulceraciones. El comportamiento de los rumiantes afectados es solo ligeramente disminuido, pero la entrada de bacterias dentro de la circulación sanguínea causa ulceraciones hepáticas, que son frecuentemente localizados en las engordas de ganado. La entrada de toxinas indefinidas además causa laminitis, que consiste en una hinchazón de la lámina sensitiva de las pezuñas con ámpulas.

Acidosis láctica

Los casos agudos de esta patología varían de mediano a letales. Regularmente, el lactato es sintetizado continuamente y fermentado ruminalmente y su nivel es de menos de 1 mmol/litro. Una disminución del pH ruminal provocan cambios en los microbios ruminales y una sobreproducción de lactato. La cantidad de lactato ruminal de animales enfermos puede variar de 20 a 300 mmol/litro y el pH ruminal baja a 4.5 o menos. El lactato es asimilado y la acidosis se convierte en sistémica, por tanto, el pH de la sangre disminuye. Existe depresión y la movilidad del tracto gastrointestinal se disminuye. Este enfermedad es tratado con terapia fluida y antiácidos, mayormente oxido de magnesio y bicarbonato de sodio. Una cantidad adecuada de fibra en la ración y cambios progresivos previenen la patología. Ciertos antibióticos han sido adecuados al prevenir la acumulación de lactato.

Desplazamiento del abomaso

La falta de movilidad (atonía) y la generación de gas en el abomaso pueden causar su desplazamiento y torsión, usualmente a la siniestra, y a veces a la diestra, con respecto al rumen. Las circunstancias insinúan la síntesis excesiva de ácidos grasos volátiles ruminales y su traslado al abomaso causa el desplazamiento del abomaso. En esta patología no hay interrupción de la presencia de sangre, pero el desplazamiento interfiere con la digestión, seguido por inanición crónica y cetosis secundaria. La patología se da más frecuentemente en vacas grandes alimentadas con raciones elevadas con granos en el la etapa no lactante. Una cirugía puede ser requerida para corregir el desorden. La incidencia de la patología se ha aumentado y provoca grandes pérdidas económicas en grandes explotaciones.

CAPÍTULO 17

Referencias

Álvarez, S.; Fresno, M.; Capote, J.; Delgado, J. V.; Barba, C. J. 2000. Estudio para la caracterización de la raza ovina Canaria. Archivos de Zootecnia. N° 49, pp.: 209-215.

Clark, L. G.; Zhang, W., Wendel, J. F. 1995. A phylogeny of the grass family (Poaceae)

Donald R. Prothero (1993). The Eocene-Oligocene Transition: Paradise Lost. Columbia University Press

Hoffman, RR. 1988. Anatomy of the gastrointestinal tract in: The ruminant animal DC. Church, ed prentice hal, Englewood Cliffs, NJ. P 14

Pérez Ripoll, Manuel. 2001.El proceso de domesticación animal en el Próximo Oriente: planteamiento y evolución". Archivo de Prehistoria Levantina, Vol. 24. Valencia: Diputación de Valencia, págs. 65-96

AbuGhazaleh AA, Jenkins TC. 2004. Disappearance of docosahexaenoic and eicosapentaenoic acids from cultures of mixed ruminal microorganisms. J. Dairy Sci. 87: 645-651.

Advances in Dairy Technology. Volume 21: 283-29. O'Grady, L.; M. L. Doherty y F. J. Mulligan. 2008. Subacute ruminal acidosis (SARA) in grazing Irish dairy cows. The Veterinary Journal 176: 44–49.

Andresen, H. 2008. Laminitis y pedera. En: Sitio Argentino de Producción Animal. pp. http://www.produccion-animal.com.ar/

ANEMBE, Asociación Nacional de Especialistas en Medicina Bovina de España, Boletín N° 14. 2000. Consistencia de las heces, Marca Líquida, Córdoba, oct/2000, pag. 26. animal.com.ar/ sanidad_intoxicaciones_metabolicos/patologias_pezunas/29-

ANON, 2009a. Chorismic acid. [en línea] <**http://en.wikipedia.org/wiki/ Chorismate**>

ANON, 2009b. Vitamina K. [en línea] <http://es.wikipedia.org/wiki/ Vitamina_K>

Asplund, J.M. 2000. Structure and function of the ruminant digestive tract. En: Principles of Protein Nutrition of Ruminants. J.M. Asplund (Editor). CRC Press, Boca Raton, FL, EUA, pp. 5-28.

Atasoglu, C. Wallace, R.J., 2003. Metabolism and de novo synthesis of amino acids by rumen microbes. En: J.P.F. D'Mello. Amino Acids in Animal Nutrition. 2ª edición. CABI Publishing, Wallingfod Oxon, OX10 8DE, Reino Unido. pp. 291-308.

Atkinson RL, Scholljegerdes EJ, Lake SL, Nayigihugu V, Hess BW, Rule DC. 2006. Site and extent of digestion, duodenal flow, and intestinal disappearance of total and esterified fatty acids in sheep fed a high-concentrate diet supplemented with high-linoleate safflower oil. J. Anim. Sci. 84: 387-396.

Ball, D.M., C.S. Hoveland, and G.D. Lacefield. 1991. Southern Forages. Potash and Phosphate Institute, Norcross, GA.

Barra, Fernando. 2005. Manejo de la alimentación de animales a corral, Acaecer, Bs. As., 30(346):26-32.

Bas, P., Morand-Fehr, P. 2000. Effect of nutritional factors on fatty composition of lamb fat deposits. Livest. Prod. Sci., 64: 61-79.

Bas, P., Sauvant, D. 2001. Variations de la composition des dépôts lipidiques chez les bovins. INRA Prod. Anim., 14: 311322.

Bauchart D, Legay-Carmier F, Doreau M. 1990a. Ruminal hydrolysis of dietary triglycerides in dairy cows fed lipid-supplemented diets. Repr. Nutr. Dev. 30 (Suppl. 2): 187S.

Bauchart D, Legay-Carmier F, Doreau M, Gaillard B. 1990b. Lipid metabolism of liquid-associated and solid-adherent bacteria in rumen contents of dairy cows offered lipid-supplemented diets. Br. J. Nutr. 63: 563-578.

Bauchart, D. Lipid absorption and transport in ruminants. J. Dairy Sci., 1993, 76: 3864-3881.

Bauchart, D., Gruffat, D., Durand, D. Lipid absorption and hepatic metabolism in ruminants. Proc. Nutr. Soc., 1996, 55: 39-47.

Bauman, D.E., Baumgard, L.H., Corl, B.A., Griinari, J.M. 1999. Biosynthesis of conjugated linoleic acid in ruminants. Proc. Am. Soc. Anim. Sci. pp. 133-156.

Bauman DE, Lock AL. 2006. Concepts in lipid digestion and metabolism in dairy cows. Tri-State Dairy Nutrition Conference. http:// tristatedairy. osu.edu/Bauman.pdf.

Bauman DE, Perfield II JW, de Veth MJ, Lock AL. 2003. New perspectives on lipid digestion and metabolism in ruminants. Proc. Cornell Nutr. Conf. pp. 175-189.

Beam TM, Jenkins TC, Moate PJ, Kohn RA, Palmquist DL. 2000. Effects of amount and source of fat on the rates of lipolysis and biohydrogenation of fatty acids in ruminal contents. J. Dairy Sci. 83: 2564-2573.

Beetz, A. 2002. A Brief Overview of Nutrient Cycling in Pastures. ATTRA.

Bell AW. 1982. Control of lipid metabolism in ruminants. Proc. Nutr. Soc. Aus. 7: 97-104.

Bergsten, C. 2001. Laminitis: causes, risk factors, and prevention. In: Mid-South Ruminant Nutrition Conference. 10 p.

Bergsten, C.; P. R. Greenough, J. M. Gay, W. M. Seymour y C. C. Gay. 2003. Effects of biotin supplementation on performance and claw lesions on a commercial dairy farm. J. Dairy Sci., 86: 3953-3962

Bessa RJB, Portugal V, Mendes IA, Santos-Silva J. 2005. Effect of lipid supplementation on growth performance carcass and meat quality and fatty acid composition of intramuscular lipids of lambs fed dehydrated lucerne or concentrate. Livest. Prod. Sci. 96: 185-194.

Bickerstaffe R, Noakes DE, Annison EF. 1972. Quantitative aspects of fatty acid biohydrogenation, absorption and transfer into milk fat in the lactating goat with special reference to the cis- and trans-isomers of octadecenoate and linoleate. Biochem. J. 130: 607-617.

Briske, D.D. and R.K. Heitschmidt. 1991. An Ecological Perspective, in Grazing Management: An Ecological Perspective, R.K. Heitschmidt and J.W. Stuth, eds. Timber Press, Portland, OR.

Buchanan-Smith, P; Berger, L; Ferrell, C; Fox, D; Galyean, M; Hutchenson, D; Klopfenstein, T; Spears, J. 2000. Nutrient requirements of beef cattle. [en línea]

Budiansky, Stephen (1999). The Covenant of the Wild: Why animals chose domestication. Yale University Press. ISBN 0-300-07993-1.

Callaway, T.R., Martin, S.A., Anderson, R.C., Edrington, T.S., Nisbet, D.J. y Genoverse, K.J. 2005. Rumen microbiology. En: W.G. Pond y A.W. Bell (Editores). Encyclopedia of Animal Science. Marcel Dekker, NY, EUA. pp. 773-776.

Chapman M, Assmann G, Fruchart J, Sheperd J, Sirtori C. 2004. Raising high-density lipoprotein cholesterol with reduction of cardiovascular risk: the role of nicotinic acid - a position paper developed by the

European Consensus Panel on HDL-C. Cur Med Res Opin., 20(8): 1253-68.

Cheeke, Peter R. 1991. Applied Animal Nutrition: Feeds and Feeding. MacMillan Publishing Company, New York.

Chilliard Y, Ollier A. 1994. Alimentation lipidique et métabolisme du tissu adipeux chez les ruminants. Comparaison avec le porc et les rongeurs. INRA Prod. Anim. 7: 293-308.

Chilliard, Y. 1993. Dietary fat and adipose tissue metabolism in ruminants, pigs, and rodents: A review. J. Dairy Sci., 76: 3897-3931.

Chilliard, Y., Ferlay, A. 2004. Dietary lipids and forages interactions on cow and goat milk fatty acid composition and sensory properties. Reprod. Nutr. Dev., 44: 467-492.

Chow TT, Fievez V, Moloney AP, Raes K, Demeyer D, De Smet S. 2004. Effect of fish oil on in vitro rumen lipolysis, apparent biohydrogenation of linoleic and linolenic acid and accumulation of biohydrogenation intermediates. Anim. Feed Sci. Technol. 117: 1-12.

CHURCH, D. C.; 1974. Fisiología digestiva y Nutrición de los Rumiantes. Vol. 1; Cap. 9: 153-157; Cap.15: 282-287.

Cirio A, Tebot I. 2000. Fisiología Metabólica de los Rumiantes, Ed. CSIC, Montevideo. P. 146.

Collomb M, Schmid A, Sieber R, Wechsler D, Ryhanen EL. 2006. Conjugated linoleic acids in milk fat: Variation and physiological effects. Int. Dairy J. 16: 1347-1361.

Croteau, R., T. M. Kutchan, N. G. Lewis. 2000. Natural Products (Secondary Metabolites). En: Buchanan, Gruissem, Jones (editores). En: Biochemistry and Molecular Biology of Plants. American Society of Plant Physiologists. Rockville, Maryland, Estados Unidos. Capítulo 24.

Cuvelier C, Cabaraux JF, Dufrasne I, Hornick JL, Istasse L. 2004. Acides gras: nomenclature et sources alimentaires. Ann. Med. Vet. 148: 133-140.

Da Costa Gomez, C., M. A. Masri, W. Steinberg, and J. J. Abel. 1998. Effect of varying hay/barley proportions on microbial biotin metabolism in the rumen simulating fermenter Rusitec. Proc. Soc. Nutr. Physiol. 7:30 (abstr).

Dawson MR, Hemington N, Hazlewood GP. 1977. On the role of higher plant and microbial lipases in the ruminal hydrolysis of grass lipids. Brit. J. Nutr. 38: 225-232.

Demeyer D, Doreau M (1999) Targets and procedures for altering ruminant meat and milk lipids. Proc. Nutr. Soc. 58: 593-607.

Demeyer D, Henderson C, Prins RA. 1978. Relative significance of exogenous and de novo synthesized fatty acids in the formation of rumen microbial lipids in vitro. Appl. Env. Microbiol. 35: 24-31.

Dohme F, Fievez V, Raes K, Demeyer D. 2003. Increasing levels of two different fish oils lower ruminal biohydrogenation of eicosapentaenoic and docosahexaenoic acid in vitro. Anim. Res. 52: 309-320.

Doreau M, Chilliard Y. 1997. Digestion and metabolism of dietary fat in farm animals. Br. J. Nutr. 78 (Supp. 1): S15-S35.

Doreau M, Ferlay A. 1994. Digestion and utilization of fatty acids by ruminants. Anim. Feed. Sci. Technol. 45: 379-396.

Doreau, M., Ferlay, A. Digestion and utilisation of fatty acids by ruminants. Anim. Feed. Sci. Technol., 1994. vol. 45, p. 379-396. 30. Drackley, J.K. Lipid metabolism. En D'Mello, J.P.F. (Ed.), Farm animal metabolism and nutrition. Wallingford: CAB International, 2000, p. 97-119.

Dove, C.R. 2005a. Vitamins-water soluble: pantothenic acid, folic acid, and B12. En: En: W.G. Pond y A.W. Bell (Editores). Encyclopedia of Animal Science. Marcel Dekker, NY, EUA. pp. 862-864

Dove, C.R. 2005b. Vitamins-water soluble: thiamin, riboflavin, and B6. En: En: W.G. Pond y A.W. Bell (Editores). Encyclopedia of Animal Science. Marcel Dekker, NY, EUA. pp. 868-870.

Emery, R.S. 1979. Deposition, secretion, transport and oxidation of fat in ruminants. J. Anim. Sci., 48: 1530-1537.

Emery, R.S., Liesman, J.S., Herdt, T.H. Metabolism of long chain fatty acids by ruminant liver. J. Nutr., 1992, vol. 122, p. 832837. en alimentation animale. INRA Prod. Anim. 14: 285-302.

Enjalbert F, Eynard P, Nicot MC, Troegeler-Meynadier A, Bayourthe C, Moncoulon R. 2003. In vitro versus in situ ruminal biohydrogenation of unsaturated fatty acids from a raw or extruded mixture of ground canola seed/canola meal. J. Dairy Sci. 86: 351-359.

Ensminger, M. E.; Parker, R. O. 1986. Sheep and Goat Science, Fifth Edition. Danville, Illinois: The Interstate Printers and Publishers Inc. ISBN 0-8134-2464-X.

FAO. 2015. Scherf, B.D.; Pilling, D., eds. The Second Report on the State of the World's Animal Genetic Resources for Food and

Agriculture. Roma: FAO Commission on Genetic Resources for Food and Agriculture Assessments.

FAO: Food and Ag. Organization of the United Nations. 2002. FAO Statistics.

Ferlay A, Chilliard Y, Doreau M. 1992. Effects of calcium salts differing in fatty acid composition on duodenal and milk fatty acid profiles in dairy cows. J. Sci. Food Agr. 60: 31-37.

Fitzgerald, T., B. W. Norton, R. Elliott, H. Podlich, and O. L. Svendsen. 2000. The influence of long-term supplementation with biotin on the prevention of lameness in pasture fed dairy cows. J Dairy Sci 83:338-344.

Frank, S.; BRINDLEY, A.A.; DEERY, E.; HEATHCOTE, P.; LAWRENCE, A.D.; LEECH, H.K.; PICKERSGILL, R.W.; WARREN, M.J. 2005 Anaerobic synthesis of vitamin B12: characterization of the early steps in the pathway. Biochemical Society Transactions, Volume 33, part 4. School of Biological Sciences, Queen Mary, University of London, England. (33):811-814

Fuller MJ. 2008. Enciclopedia de Nutrición y Producción Animal. Acribia. Zaragoza, España. 620 pp.

Fuller, M.F. 2004. The Encyclopedia of Farm Animal Nutrition. CABI Publishing. pp. 91-93

Gallardo, Miriam. 2002. Mirando la Bosta. E.E.A INTA Rafaela.

Gallardo, Miriam. 2002. Observación y estudio de las deposiciones fecales y su relación con el proceso digestivo. E.E.A Rafaela INTA.

Garton GA, Lough AK, Vioque E (1961) Glyceride hydrolysis and glycerol fermentation by sheep rumen contents. J. Gen. Microbiol. 25: 215-225.

Gerrish, J. 2004. Management-Intensive Grazing: The Grassroots of Grass Farming. Ridgeland, MS: Green Park Press.

Gerson T, King ASD (1985) The effects of dietary starch and fibre on the in vitro rates of lipolysis and hydrogenation by sheep rumen digesta. J. Agr. Sci. 105: 27-30.

Givens DI, Kliem KE, Gibbs RA (2006) The role of meat as a source of n-3 polyunsaturated fatty acids in the human diet. Meat Sci. 74: 209-218.

Givens, D.I. The role of animal nutrition in improving the nutritive value of animal-derived foods in relation to chronic disease. Proc. Nutr. Soc., 2005, vol. 64, p. 395-402.

Glasser F, Schmidely P, Sauvant D, Doreau M (2008) Digestion of fatty acids in ruminants: a meta-analysis of flows and variation factors: 2. C18 fatty acids. Animal 2: 691-704.

Gooden JM (1973) The importance of lipolytic enzymes in milk fed and ruminating calves. Aust. J. Biol. Sci. 26: 1189-1199.

Griswold KE, Apgar GA, Robinson RA, Jacobson BN, Johnson D, Woody HD (2003) Effectiveness of short-term feeding strategies for altering conjugated linoleic acid content of beef. J. Anim. Sci. 81: 1862-1871.

GRUDSKY, P; ARIAS, J. 1983. Aspectos generales de la microbiología del rumen. [en línea] <http://www.monografiasveterinaria.uchile. cl/CDA/mon_vet_seccion/0,1419,SCID%253D7627%2526ISID%2 53D410,00.html>

Grummer, R.R. Etiology of lipid-related metabolic disorders in periparturient dairy cows. J. Dairy Sci., 1993, vol. 76, p. 3882-3896.

Gulati SK, Scott TW, Ashes JR (1997) In-vitro assessment of fat supplements for ruminants. Anim. Feed Sci. Technol. 64: 127-132.

Hall, J.A. 2012. Molybdenum. En: Veterinary Toxicology: Basic and Clinical Principles. 2a ed. (Gupta RC, ed.) Academic Press, New York

Harfoot CG, Hazlewood GP (1988) Lipid metabolism in the rumen. En Hobson N (Ed.) The Rumen Microbial Ecosystem. Elsevier. London, UK. pp. 285-322.

Harvatine KJ, Allen MS (2006) Fat supplements affect fractional rates of ruminal fatty acid biohydrogenation and passage in dairy cows. J. Nutr. 136: 677-685.

Hawke JC, Silcock WR (1970) The in vitro rate of lipolysis and biohydrogenation in rumen contents. Biochim. Biophys. Acta 218: 201-212.

Heitschmidt, R.K. and Taylor, C.A. 1991. Livestock Production, in Grazing Management: An Ecological Perspective, R.K. Heitschmidt and J.W. Stuth, eds. Timber Press, Portland, OR.

Hoblet, K. H. 2000. Effects of nutrition on hoof health. In 2000 Tri-State Dairy Nutrition Conference. 41–49 pp. http://tristatedairy.osu. edu/2000Proceedings.pdf

Hobson N, Mann SO (1961) The isolation of glycerol fermenting and lipolytic bacteria from the rumen of the sheep. J. Gen. Microbiol. 25: 227-240.

Hoffman, RR. 1973. The ruminate stomach: stomach structure and feeding habits of east African game ruminant. East afric. Lit. bureau, Nairobi, Kenya. P 354.

Hoffman, RR. 1986. Morphophysiological evolucionary adaptation of the rumiant digestive system in: aspects of digestive physiology in ruminants. Alan dopson and Marjorie Dopson, eds. Cornell Univ. Press. Ithaca

Hofmann, R.R., 1993. Anatomía del conducto gastrointestinal. Church, D.C. (Editor). El Rumiante: Fisiologia digestiva y nutrición. pp. 14-43.

Holecheck, J.L., R.D. Pieper, and C.H. Herbel. 1989. Range Management, Principles and Practices. Regents/Prentice Hall, Englewood Cliffs, NJ.

http://dairy.osu.edu/resource/feed/biotinforweb.pdf

http://txanc.org/wp-content/uploads/2011/08/BovineLaminitis.pdf

http://www.coenzima.com/coenzimas_nad_y_nadh

http://www.wcds.ca/proc/2006/Manuscripts/Weiss2.pdf

INRA (2002) In Sauvant D, Perez JM, Tran G (Eds). Tables de Composition et de Valeur Nutritive des Matières Premières Destinées aux Animaux d'Élevage. INRA. Paris, Francia. 301 pp.

Jackson, K. No date. Choosing the Right Supplement.

Jalc D, Certik M, Kundrikova K, Namestrova P (2007) Effect of unsaturated C18 fatty acids (oleic, linoleic, and α-linolenic acid) on ruminal fermentation and production of fatty acid isomers in an artificial rumen. Vet. Med. 52: 87-94.

Jenkins TC (1993) Lipid metabolism in the rumen. J. Dairy Sci. 76: 3851-3863.

Jenkins TC, AbuGhazaleh AA, Freeman S, Thies EE (2006) The production of 10-hydroxystearic and 10-ketoestearic acids is an alternative route of oleic acid transformation by the ruminal microbiota in cattle. J. Nutr. 136: 926-931.

Jenkins TC, Bridges WCJr (2007) Protection of fatty acids against ruminal biohydrogenation un cattle. Eur. J. Lipid Sci. Technol. 109: 778-789.

Jennes, R. Composition and characteristics of goat milk: Review 1968-1979. J. Dairy Sci., 1980, vol. 63, p. 1605-1630.

Jensen, R.G. The composition of bovine milk lipids: January 1995 to December 2000. J. Dairy Sci., 2002, vol. 85, p. 295-350.

Jensen, R.G., Ferris, A.M., Lammi-Keefe, C. The composition of milk fat. J. Dairy Sci., 1991, vol. 74, p. 3228-3243. Fahey, G.C. 2008. Carbohydrate nutrition of ruminants. En: D.C. Church (Editor) The Ruminant Animal Digestive Physiology and Nutrition. Waveland. Press, Inc. Prospect Heights, Illinois, EUA. pp. 269-297.

Johns AT (1953) Fermentation of glycerol in the rumen of the sheep. NZ J. Sci. Tech. 35: 262-269.

Judd, W. S. Campbell, C. S. Kellogg, E. A. Stevens, P.F. Donoghue, M. J. 2002. Secondary Plant Compounds. En: Plant systematics: a phylogenetic approach, Second Edition. Sinauer Axxoc, USA. Capítulo 4; "Structural and Biochemical Characters

Kaesler, B. 2005. Vitamin B12 (Cobalamins) Ullmann's encyclopedia of industrial chemistry [Enciclopedia Ullmann de química industrial] (en inglés). Weinheim: Wiley-VCH. doi:10.1002/14356007.a27_443

Kennelly JJ (1996) The fatty acid composition of milk fat as influenced by feeding oilseeds. Anim. Feed Sci. Technol. 60: 137-152.

Klopfenstein, Terry. 1996. Need for escape protein by grazing cattle. Animal Feed Science Technology 60: 191-199.

Kolver, E. S. y M. J. de Veth. 2002. Prediction of ruminal pH from pasture-based diets. J. Dairy Sci. 85:1255-1266.

Kucuk O, Hess BW, Ludden A, Rule DC (2001) Effect of forage: concentrate ratio on ruminal digestion and duodenal flow of fatty acids in ewes. J. Anim. Sci. 79: 2233-2240.

Lalman, David. 2004a. Supplementing Beef Cows. OSU Publication F-3010. Oklahoma State Univ. Extension Service. (PDF / 199 KB)

Lalman, David. 2004b. Vitamin and Mineral Nutrition of Grazing Cattle. OSU Publication E-861. Oklahoma State University Extension Service. (PDF / 658 KB)

Lean, I. J y A. R. Rabiee. 2011. Effect of feeding biotin on milk production and hoof health in lactating dairy cows: A quantitative assessment. J. Dairy Sci. 94 :1465–1476.

Lee MRF, Tweed JKS, Dewhurst RJ, Scollan ND (2006) Effect of forage: concentrate ratio on ruminal metabolism and duodenal flow of fatty acids in beef steers. Anim. Sci. 82: 31-40.

Lee MRF, Tweed JKS, Moloney AP, Scollan ND (2005) The effects of fish oil supplementation on rumen metabolism and the biohydrogenation of unsaturated fatty acids in beef steers given diets containing sunflower oil. Anim. Sci. 80: 361-367.

Lei, X.G. 2005. Minerla elements: micro (trace). En: En: W.G. Pond y A.W. Bell (Editores). Encyclopedia of Animal Science. Marcel Dekker, NY, EUA. pp. 638-641.

LEWIS, D.; 1970. Fisiología Digestiva y Nutrición de los Rumiantes. Cap. 7 y 19.

Lindsay, D.B. Fatty acids as energy sources. Proc. Nutr. Soc., 1975, vol. 34, p. 241-248.

Lischer, Ch. J.; U. Kollen, H. Geyery; Ch. Mülling; J Schulze y P. Ossent. 2002. Effect of therapeutic dietary biotin on the healing of uncomplicated sole ulcers in dairy cattle a double blinded controlled study. The Veterinary Journal, 163, 51-60.

Loor JJ, Ueda K, Ferlay A, Doreau M, Chilliard Y (2004) Biohydrogenation, duodenal flow, and intestinal digestibility of trans fatty acids and conjugated linoleic acids in response to dietary forage: concentrate ratio and linseed oil in dairy cows. J. Dairy. Sci. 87: 2472-2485.

Lovett, D. K., L. Stack, S. Lovell, J. Callan, B. Flynn, M. Hawkins, F. P. O'Mara. 2006. Effect of feeding Yucca schidigera extract on performance of lactating dairy cows and ruminal fermentation parameters in steers. Livestock Science 102: 23– 32.

Lundy III FP, Jenkins TC (2003) The ability of amide versus calcium salts of soybean oil to increase unsaturated fatty acid concentration in omasal or continuous culture samples. J. Dairy. Sci. 86 (Supp. 1): 34.

Mackie, R.I., McSweeney, C.S. y Klieve, A.V. 2000. Microbial ecology of the ovine rumen. En: M. Freer y H. Dove (Editores). Sheep Nutrition. CABI Publishing, Wallingford, Oxford, OX10 8DE, Reino Unido. pp. 71-94

Mahan, D.C. 2005 Vitamins-fat soluble. En: En: W.G. Pond y A.W. Bell (Editores). Encyclopedia of Animal Science. Marcel Dekker, NY, EUA. pp. 859-861.

Martín Ilera, Mariano; Illera Del Portal, Josefina; Illera Del Portal, Juan Carlos (2000). Vitaminas y minerales. Complutense. p. 91.

Martin SA, Jenkins TC (2002) Factors affecting conjugated linoleic acid and trans-C18:1 fatty acid production by mixed ruminal bacteria. J. Anim. Sci. 80: 3347-3352.

Mathis, C.P. 2003. Protein and Energy Supplementation to Beef Cows Grazing New Mexico Rangelands. Circular 564. New Mexico State Univ. Coop Extension Service.

Mc Donald, P.; Edwards, R.A.; Greenhalgh, J.F.D. ; Morgan, C.A., 1999. Metabolismo. En: Nutrición Animal. 5 ed., pp 163–162. Pub. Acribia S.A., Zaragoza, España.

McDonald P, Edwards RA, Greenhalgh JFD, Morgan CA (2006) Nutrición Animal. Acribia. Zaragoza, España. 616 pp.

McDonald, P., Edwards, R.A., Greenhalgh, J.F.D., Morgan, C.A. Nutrición animal. Zaragoza (España): Editorial Acribia, 2006.

McDowell, L.R. 2000. Vitamins in Animal and Human Nutrition. Second Edition. Iowa State University Press/Ames. pp. 3-13.

McDowell, L.R. 2005. Mineral elements: En: W.G. Pond y A.W. Bell (Editores). Encyclopedia of Animal Science. Marcel Dekker, NY, EUA. pp. 635-637.

McKenna, M. C. & Bell, S. K. 1997. Classification of Mammals Above the Species Level. Columbia University Press, New York.

MEGANATHAN, R. 2001. Ubiquinone biosynthesis in microorganisms. [en línea] http://www.ncbi.nlm.nih.gov/pubmed/11583838?ordinalpos=1&itool=Ent.

Merck & Co., Inc. 2006. Merck Vet Manual, 9th Edition. Cynthia M. Kahn, ed. Whitehouse Station, NJ. www.merckvetmanual.com/mvm/index.jsp

Mersamann, H.J. Lípids. En: En: W.G. Pond y A.W. Bell (Editores). Encyclopedia of Animal Science. Marcel Dekker, NY, EUA. pp. 578-581.

Minson, Dennis J. 1990. Forage in Ruminant Nutrition. Academic Press, Inc., NY.

Moate PJ, Chalupa W, Jenkins TC, Boston RC (2004) A model to describe ruminal metabolism and intestinal absorption of long chain fatty acids. Anim. Feed Sci. Technol. 112: 79-105.

Morand-Fehr M, Tran G (2001) La fraction lipidique des aliments et les corps gras utilisés

Mosley EE, Powell GL, Riley MB, Jenkins TC (2002) Microbial biohydrogenation of oleic acid to trans isomers in vitro. J. Lipid Res. 43: 290-296.

Muelling, C. K. W. 2009. Nutritional influences on horn quality and hoof health. In: WCDS

Muller, L. D. 1996. Nutritional Considerations for Dairy Cattle on Intensive Grazing Systems. Proceedings from the Maryland Grazing Conference.

National Research Council. 1981. Nutrient Requirements of Goats. Nat. Academy Press, Washington, DC.

National Research Council. 1985. Nutrient Requirements of Sheep, Sixth Revised Edition. National Academy Press, Washington, DC.

National Research Council. 1996. Nutrient Requirements of Beef Cattle: Seventh Revised Edition, Update 2000. National Academy Press, Washington, DC.

National Research Council. 2001. Nutrient Requirements of Dairy Cattle: Seventh Revised Edition. National Academy Press, Washington, DC.

New Zealand Society of Animal Production. 1987. Livestock Feeding on Pasture, A.M. Nicol, ed. Occasional Publication No. 10. Hamilton, New Zealand.

Newman, Y.C., M.J. Hersom, C. G. Chambliss and W. E. Kunkle. 2007. Grass Tetany in Cattle. Florida Cooperative Extension Service, Institute of Food and Agricultural Sciences, University of Florida.

Niacina y niacinamida (vitamina B3): MedlinePlus suplementos». medlineplus.gov. Consultado el 21 de agosto de 2016.

Niño, J. 2009. Acidosis ruminal y su relación con la fibra de la dieta y la composición de leche en vacas lecheras. En: Sistema de Revisiones en Investigación Veterinaria de San Marcos. 17 pp. http://veterinaria. unmsm.edu.pe/files/acidosis_nino.pdf

Noble RC (1978) Digestion, absorption and transport of lipids. Prog. Lipid Res. 17: 55-91.

Noble, R.C. Digestion, absorption and transport of lipids. Prog. Lipid Res., 1978, vol. 17, p. 55-91. Lobley, G.E. Amino acid and protein metabolism in the whole body and individual tissues of the ruminant. 2000. En: J.M. Asplund (Editor). Principles of Protein Nutrition of Ruminants. CRC Press, Boca Raton, FL, EUA, pp.

Nocek, J. E. 1997. Bovine acidosis: implications on laminitis: review. J. Dairy Sci. 80:1005–1028

NOMENCLATURE COMMITTEE OF THE INTERNATIONAL UNION OF BIOCHEMISTRY AND MOLECULAR BIOLOGY (NC-IUBMB), 2009. Vitamin K Biosynthesis. [en línea] http://www.chem.qmul. ac.uk/iubmb/enzyme/reaction/misc/vitaminK.html>

Ørskov, E. R. 1994. Recent advances in understanding of microbial transformation in ruminants. Livestock Production Science. 39: 53-60.

Owens FN, Secrist DS, Hill WJ, Gill DR (1998) Acidosis in cattle: A review. J. Anim. Sci. 76: 275-286.

Owens, F.N. y Goetsch, A.L. 1993. Fermentación ruminal. En: D.C. Chrurch (Editor). El Rumiante Fisología Digestiva y Nutrición. Waveland. Press, Inc. Prospect Heights, Illinois, EUA. pp. 145-171. Wu G. and Self, J.T. 2005. Proteins. En: W.G. Pond y A.W. Bell (Editores). Encyclopedia of Animal Science. Marcel Dekker, NY, EUA. pp.

Palmquist DL (1991) Influence of source and amount of dietary fat on digestibility in lactating cows. J. Dairy Sci. 74: 1354-1360.

Palmquist DL, Jenkins TC (2003) Challenges with fats and fatty acids methods. J. Anim. Sci. 81: 3250-3254.

Palmquist, D.L., Jenkins, T.C. Fat in Lactation Rations: Review. J. Dairy Sci., 1980, vol. 63, p. 1-14.

Park, Y.W., Juárez, M., Ramos, M., Haenlein, G.F.W. Physicochemical characteristics of goat and sheep milk. Small Rumin. Res., 2007, vol. 68, p. 88-113.

PEDRAZA, F.; ALESSI, A. 2004. Encefalitis bovina por herpesvirus bovino tipo 5 (HVB-5). Una revisión. [En línea] http://rccp.udea.edu. co/v_anteriores/17-2/pdf/17-2-5.pdf [consulta: 13-05-2009]

Pethick, D.W., Dunshea, F.R. The partitioning of fat in farm animals. Proc. Nutr. Soc. Aus., 1996, vol. 20, p. 3-13.

Piperova LS, Sampugna J, Teter BB, Kalscheur KF, Yurawecz MP, Ku Y, Morehouse KM, Erdman RA (2002) Duodenal and milk transoctadecenoic acid and conjugated linoleic acid (CLA) isomers indicate that postabsorptive synthesis is the predominant source of cis-9-containing CLA in lactating dairy cows. J. Nutr. 132: 1235-1241.

Plascencia A, Mendoza GD, Vásquez C, Zinn RA (2003) Relationship between body weight and level of fat supplementation on fatty acid digestion in feedlot cattle. J. Anim. Sci. 81: 2653-2659.

Plascencia A, Mendoza GD, Vásquez C, Zinn RA (2004) Influences of levels of fat supplementation on bile flow and fatty acid digestion in cattle. J. Anim. Vet. Adv. 11: 763-768.

Plascencia A, Mendoza GD, Vásquez C, Zinn RA (2005) Factores que influyen en el valor nutricional de las grasas utilizadas en las dietas para bovinos de engorda en confinamiento: una revisión. Interciencia 30: 134-142.

Pond, W.G., Church, D.C. y Pond, K.R. 2004. Fundamentos de Nutrición y Alimentación de Animales. pp. 35-56.

Pötzsch, C. J.; V. J. Collis (née Hedges); R. W. Blowey; A. J. Packington y L. E. Green. 2003. The impact of parity and duration of biotin supplementation on white line disease lameness in dairy cattle. J. Dairy Sci. 86:2577–2582.

Provenza, Fred. 2003. Foraging Behavior: Managing to Survive in a World of Change. Logan, UT: Utah State University.

Pugh, D. G.; Baird, A. N., eds. (2012). Sheep and Goat Medicine (2.ª edición). Elsevier & Saunders. ISBN 978-1-4377-2353-3.

Pulina, G, and Nudda, A. 2004. Milk production. En: G. Pullina (Editor). Dairy Sheep Nutrition. CABI Publishing. Wallingford Oxfor.

Radostits, O. et at. 2002 Medicina veterinaria: Tratado de las enfermedades del ganado bovino, ovino, porcino, caprino y equino. Mc Graw Hill novena edición. Madrid, España Vol. II . pp1841-1855 X

Ramírez-Lozano, R.G. 2015. Grass Nutrition. Editorial Palibrio, Bloomington, Indiana, EUA.

Reid, R.I. Nitrogen components of forages and feedstuffs. 2000. En: J.M. Asplund (Editor). Principles of Protein Nutrition of Ruminants. CRC Press, Boca Raton, FL, EUA, pp. 43-70.

Riaz, M., Ansari, Z.A., Iqbal, F., Akram, M. 2007. Microbial production of vitamin B12 by methanol utilizing strain of Pseudomonas specie. [Producción microbiana de la vitamina B12 mediante metanol utilizando una cepa de la especia Pseudomonas]. Pakistan journal of biochemistry and molecular biology (en inglés). Vol. 40 (No. 1): 5-10.

Rickard, T. R., ELLIOT, J. M.; 1982. Effect of Factor B on Vitamin B12 Status and Propionate Metabolism in Sheep. http://jas.fass.org/cgi/reprint/55/1/168.pdf

Ricketts, Matthew. 2002. Feed Less, Earn More. Montana GLCI Fact Sheet.

Robinson, Peter, Dan Putnam, and Shannon Mueller. 1998. Interpreting Your Forage Test Report, in Calif. Alfalfa and Forage Review, Vol 1, No 2. Univ. of Calif.

Rodero, A., J.V. Delgado and E. Rodero. 1992. Primitive andalusian livestocks and their implication in the discovery of America. Arch. Zootec., 41:383-400.

Rodríguez Hernández, Manuel; Sastre Gallego, Ana (1999). Tratado de Nutrición. Ediciones Díaz de Santos. p. 157.

Russel, R.W. and Gahr, S.A. 2000. Glucose availability and associated metabolism. En: J.P.F.b D'Mello (Editor) Farm Animal Metabolism and Nutrition. CABI Publishing, Wallingford, Reino Unido. pp. 121-148.

Russell, R.W. y Gahr, S.A. 2000. Glucose availability and associated metabolism. En: J.P.E. D'Mello (Editor). Farm Animal Metabolism and Nutrition. CABI Publishing, Wallingford, Oxon OX10 8DE, Reino Unido. pp. 121-148.d OX10 8DE, Reino Unido. pp. 1-12.

Sauvant D, Bas P (2001) La digestion des lipides chez le ruminant. INRA Prod. Anim. 14: 303-310.

Sauvant D, Meschy F, Mertens D (1999) Les composantes de l'acidose ruminale et les effets acidogènes des rations. INRA Prod. Anim. 11: 49-60.

Sauvant, D., Bas, P. La digestion des lipides chez le ruminant. INRA Prod. Anim., 2001, vol. 14, p. 303-310.

Savory, Allen and Jody Butterfield. 1998. Holistic Management: A New Framework for Decision Making (2nd edition). Washington, DC: Island Press.

SCF (Scientific Committee for Food). Nutrient and energy intakes for the european community. Luxembourg: Office for Official Publications of the European Communities, 1993.

Schmid A, Collomb M, Sieber R, Bee G (2006) Conjugated linoleic acid in meat and meat products: A review. Meat Sci. 73: 29-41. Slyter LL (1986) Ability of pH-selected mixed ruminal microbial populations to digest fiber in various pHs. Appl. Env. Microbiol. 52: 390-391.

Schroeder, H 2008. Pododermatitis difusa aséptica del bovino (laminitis). En: Sitio Argentino de Producción Animal. 4–5 pp. http://www. produccion-

Seal, C.J. and Parker, D.S. 2000. Ruminant physiology: digestion, metabolism, growth and reproduction. P.B. Cronje (Editor). CABI Publishing, Wallingford, Reino Unido. pp. 131-148.

SENC (Sociedad Española de Nutrición Comunitaria). Consenso de la sociedad española de nutrición comunitaria. Madrid: SENC, 2007.

Sewell, Homer. 1993. Grain and Protein Supplements for Beef Cattle on Pasture. University of Missouri Extension.

Seymur, W. M. 2001. Biotin, hoof health an milk production in dairy cows. In: Ruminant Nutrition Symposium: http://dairy.ifas.ufl.edu/rns/2001/ Seymour.pdf

Shearer, J. K. 2005. Nutrition and claw health. In. 2005 Tri-State Dairy Nutrition Conference.1–10 pp. http://tristatedairy.osu.edu/ Shearer%20paper.pdf

Shearer, J. K.; S. Van Amstel y A. Gonzales. 2005. Anatomía del pie del bovino. En: Manual de Cuidado de las Pezuñas en Bovinos. 1 Ed Español., pp 12–16. Pub: Hoards and Son Company. USA.

Simmons, Paula; Ekarius, Carol (2001). Storey's Guide to Raising Sheep (3.ª edición). North Adams, Massachusetts: Storey Publishing. ISBN 978-1-58017-262-2.

Simmons, Paula; Ekarius, Carol (2009). Storey's Guide to Raising Sheep (4.ª edición). North Adams, Massachusetts: Storey Publishing. ISBN 978-1-60342-484-4.

Smith, Barbara; Aseltine, Mark; Kennedy, Gerald (1997). Beginning Shepherd's Manual (2.ª edición). Ames, Iowa: Iowa State University Press. ISBN 0-8138-2799-X.

Stahmann KP, Revuelta JL and Seulberger H. 2000. Three biotechnical processes using Ashbya gossypii, Cándida famata, or Bacillus subtilis compete with chemical riboflavin production. Appl Microbiol Biotechnol 53 (5): 509-516.

Sukhija S, Palmquist DL (1990) Dissociation of calcium soaps of long-chain fatty acids in rumen fluid. J. Dairy Sci. 73: 1784-1787.

Swjrsen K., Hvelplund T., Nielsen M.O. 2006. Ruminant Physiology: Digestion, Metabolism, Growth and Reproduction.

Swjrsen K., Hvelplund T., Nielsen M.O. 2006. Ruminant Physiology: Digestion, Metabolism, Growth and Reproduction. pp. ¿?

Taiz, Lincoln y Eduardo Zeiger. 2006. Secondary Metabolites and Plant Defense. En: Plant Physiology, Fourth Edition. Sinauer Associates, Inc. Capítulo 13.

Tanaka K (2005) Occurrence of conjugated linoleic acid in ruminant products and its physiological functions. Anim. Sci. J. 76: 291-303.

Tiffany, M.E.; FELLNER, V.; SPEARS, W.. 2006 Influence of cobalt concentration on vitamin B12 production and fermentation of mixed ruminal microorganisms grown in continuous culture flow-through fermentors. Journal of Animal Science. J Anim Sci. North Carolina State University, Raleigh, United States (84):635-640.

Tomlinson, D.J.; C. H. Mülling y T. M. Fakler. 2004. Invited review: formation of keratins in the bovine claw: roles of hormones, minerals, and vitamins in functional claw integrity. J. Dairy Sci. 87:797–809.

Troegeler-Meynadier A, Bret-Bennis L, Enjalbert F (2006) Rates and efficiencies of reactions of ruminal biohydrogenation of linoleic acid according to pH and polyunsaturated fatty acids concentrations. Repr. Nutr. Dev. 46: 713-724.

Underwood, E.J. y Suttle, N.F. 1999. The Mineral Nutrition of Livestock, 3a edición. CABI Publishing. CABI Publishing. Wallingford, OX10 8DE, Reino Unido. pp. 1-17.

USDA. 2003. National Range and Pasture Handbook. Fort Worth: Natural Resources Conservation Service, Grazing Lands Technology Institute.

USDA. 2008. National Nutrient Database for Standard Reference, U.S. Department of Agriculture, Agricultural Research Service.

Van Nevel CJ, Demeyer DI (1995) Lipolysis and biohydrogenation of soybean oil in the rumen in vitro: inhibition by antimicrobials. J. Dairy Sci. 78: 2797-2806.

Van Nevel CJ, Demeyer DI (1996) Influence of pH on lipolysis and biohydrogenation of soybean oil by rumen contents in vitro. Repr. Nutr. Dev. 36: 53-63.

Vernon, R.G. Lipid metabolism during lactation: A review of adipose tissue-liver interactions and the development of fatty liver. J. Dairy Res., 2005, vol. 72, p. 460-469.

Wallace, R.J. Amino acid and protein synthesis, turnover, and breakdown by ruminal microorganisms. 2000. En: J.M. Asplund (Editor). Principles of Protein Nutrition of Ruminants. CRC Press, Boca Raton, FL, EUA, pp. 71-112.

Weaver, Sue (2005). Sheep: small-scale sheep keeping for pleasure and profit. California: BowTie Press. ISBN 1-931993-49-1.

Weaver, Sue (2013). The Backyard Sheep: An Introductory Guide to Keeping Productive Pet Sheep. Storey Publishing. ISBN 9781603428484.

Weis, P. W y G, Ferreira. 2006. Are your cows getting the vitamins they need? In: WCDS Advances in Dairy Technology. Volume 18:249-259.

Weiss, B. 2001. Effect of supplemental biotin on performance of lactating dairy cows. In: Día Internacional Ganadero Lechero Conferencia 2001. 1–9 pp.

Weiss, Bill. 1993. Supplementation Strategies for Intensively- Managed Grazing Systems. Presentation at the Ohio Grazing Conference, March 23, Wooster.

Whitehead, D.C. 2000. Nutrient Elements in Grassland. CABI Publishing. Wallingford, OX10 8DE, Reino Unido. pp. 1-13.

Wildeus, S. 1997. Hair sheep genetic resources and their contribution to diversified small ruminant production in the United States.J.anim. Sci., 75: 630-640.

Wood RD, Bell MC, Grainger RB, Teekell RA (1963) Lipid components of sheep rumen bacteria and protozoa. J. Nutr. 79: 62-68.

Wooster, Chuck (2005). Living with Sheep: Everything You Need to Know to Raise Your Own Flock. Geoff Hansen (Fotografía). Guilford, Connecticut: The Lyons Press. ISBN 1-59228-531-7.

Wu Z, Ohajuruka A, Palmquist DL (1991) Ruminal synthesis, biohydrogenation, and digestibility of fatty acids by dairy cows. J. Dairy Sci. 74: 3025-3034.

Yokoyama, M. T. y K. A. Johnson. 1988. Microbiología del rumen e intestino. En: El rumiante. Fisiología digestiva y nutrición. C. D. Church (Ed.). Editorial Acribia.

Zempleni, J and Galloway, JR and McCormick, DB. 1996. Pharmacokinetics of orally and intravenously administered riboflavin in healthy humans. Am J Clin Nutr 63 (1): 54-66. The American Society for Nutrition. PMID 8604671.

SOBRE EL AUTOR

Roque Gonzalo Ramírez Lozano, Ph.D.

Nació el 10 de enero de 1947, es Ingeniero Agrónomo de profesión de la UANL en 1972, tiene maestría en Administración en ITESM en 1975, maestría y doctorado en New Mexico State University en 1983 y 1985, respectivamente, con especialidad en Nutrición Animal. Es Profesor Titular "C" con una antigüedad de 38 años, habiendo ingresado como profesor a la facultad de Agronomía, UANL, donde estuvo de marzo de 1974 a febrero del 1990, desde esa fecha fue profesor de la FMVZ-UANL hasta febrero de 2000 y de esa fecha a la actualidad es Profesor-Investigador de la facultad de Ciencias Biológicas, UANL.

Ha asesorado 103 tesis de licenciatura, 15 de maestría y 20 de doctorado y, actualmente tiene cuatro estudiantes de doctorado en formación. Ha publicado 133 artículos científicos en revistas científicas, seis capítulos en libros, 75 artículos en revistas no periódicas (congresos), 73 resúmenes, ha dictado 34 conferencias magistrales y 121 conferencias en eventos nacionales e internacionales. Es autor de los libros: "Nutrición de Rumiantes: Sistemas Extensivos" (Trillas, 2003), "Nutrición del Venado cola Blanca" (co-editado por UANL, Fundación Produce N.L., A.C. y UGRNL, 2004) "Los Pastos en la Nutrición de Rumiantes" (co-editado por UANL y Fundación Produce N.L., A.C., 2007), "Nutrición de Caprinos en Pastoreo" (Trillas 2008).

Es miembro del Sistema Nacional de Investigadores desde 1986 actualmente es Nivel Tres. En 1999 fue nombrado Miembro Regular de la Academia Mexicana de Ciencias. Asimismo, es miembro desde

1988 de la International Goat Association y en esta misma Asociación, desde 1992 hasta 2004, fue Director para América Latina y el Caribe.

Ha sido Ganador del Premio de Investigación "José Árbol Bonilla" en la Universidad Autónoma de Zacatecas. Fue distinguido con la publicación de su currículo en Who is Who in the World and Who is Who in América, en 1999. En 2007, la Asociación de Técnicos Especialistas en Ovinocultura le otorgó un reconocimiento al "Mérito de Investigador Destacado", recibió en marzo de 2009 el Reconocimiento al Merito en Investigación por la Benemérita Universidad Autónoma de Puebla y en junio de este mismo año se le otorgó la "Presea al Mérito Científico Pro Flora y Fauna Nativa de Nuevo León. En octubre de 2011, la Asociación Mexicana de Producción Caprina le otorgó un Reconocimiento por su Gran aporte con su Trabajo y Conocimiento a la Caprinocultura.

Sus líneas de investigación están relacionadas con "incorporación de plantas nativas a los sistemas de alimentación de rumiantes", "hábitos alimenticios de rumiantes manejados bajo sistemas extensivos", "evaluación nutricional de pastos nativos e introducidos al noreste de México", "Ecología nutricional de rumiantes domésticos y silvestres (ciervos)". Y colabora como investigador asociado en "evaluación de aditivos en la alimentación animal" y "evaluación nutricional de la hojarasca del Matorral Espinoso Tamaulipeco".

CE: roque.ramirezlz@uanl.edu.mx